FÍSICA CUÁNTICA PARA PRINCIPIANTES

Descubra los fundamentos de la mecánica cuántica y cómo afecta al mundo en que vivimos a través de todas sus teorías más famosas

PEDRO SANCHEZ

Índice

informativos y educativos. El autor no se responsabiliza en modo alguno de los resultados que se deriven del uso de este material. Se han hecho intentos constructivos para proporcionar información que sea precisa y efectiva, pero el autor no está obligado por la exactitud o el uso/mal uso de esta información.

* * *

En primer lugar, me gustaría agradecerle que haya dado el primer paso de confiar en mí y haya decidido comprar/leer este Libro que transforma la vida. Gracias por gastar su tiempo y recursos en este material.

Puedo asegurarte resultados exactos si sigues diligentemente el plan exacto que expongo en el manual de información que estás leyendo. Ha transformado vidas, y creo firmemente que también transformará su propia vida.

Toda la información que he presentado en este artículo de "Hágalo usted mismo" es fácil de digerir y practicar.

El libro "Física Cuántica para Principiantes" es un escrito completo que incluye todos los detalles menores y mayores sobre los temas para aquellos que quieran ampliar sus conocimientos de física. La Física Cuántica puede definirse en palabras sencillas como el estudio de las propiedades físicas de la naturaleza a nivel atómico y subatómico. Destaca el funcionamiento del universo en su totalidad y nos dice cómo funcionan los átomos y cómo se comportan unos con otros en diferentes circunstancias. Todo lo que nos rodea está formado por átomos y moléculas. Por tanto, la física cuántica tiene un gran papel en nuestras vidas.

El libro Física cuántica para principiantes parte de los conceptos básicos sobre el tema describiendo su historia. Los antecedentes del tema se discuten refiriendo todos los acontecimientos que condujeron al desarrollo del campo. Tras la parte de historia, el siguiente tema gira en torno a los conceptos básicos sobre la Física Cuántica y todas las respectivas Teorías Cuánticas para mostrar mejor a los estudiantes lo que aprenderán en el libro en las etapas posteriores.

El libro también arroja suficiente luz sobre las similitudes y diferencias entre la Física Cuántica y la Mecánica Cuántica. Los estudiantes, e incluso los profesores, pueden confundirse a veces con los términos, ya que los consideran como uno solo. Sin embargo, en realidad, ambas ramas se interrelacionan entre sí y explican los temas mediante referencias cruzadas. El término Física Cuántica tiene su origen en la Mecánica Cuántica, ya que ésta es más expresiva y ofrece más detalles.

Hasta ahora se sabía que el tema giraba en torno a los átomos y otras partículas subatómicas. Por lo tanto, se consideró necesario comenzar la discusión teniendo pensamientos completos sobre la definición, estructura, propiedades y funcionamiento de un átomo. Neil Bohr presentó un modelo atómico que se considera el fundamento de la Física. Los átomos se discuten a la luz del Modelo Atómico de Bohr para permitir a los estudiantes comprender conceptualmente todos los términos y temas involucrados. Una vez que se discute el modelo atómico de Bohr, se explica ampliamente la estructura atómica de los diferentes tipos.

La Física Cuántica no habría llegado tan lejos si no fuera por la Teoría Cuántica. La teoría dio el poder desencadenante necesario al tema y tuvo una importancia fundamental en la física. A continuación se presenta la diferencia entre la física clásica y la física cuántica. La física clásica existía mucho antes que su homóloga. Los problemas y desafíos de la física clásica se resolvieron y explicaron con la ayuda de la física cuántica.

El siguiente capítulo trata de los conceptos fundamentales que forman parte de la Física Cuántica. Como el título del libro indica, el libro tiene como objetivo educar a los principiantes; por lo tanto, todas las teorías y conceptos se discuten en el más fácil de los lenguajes mediante la inclusión de todos los puntos clave. Los estudiantes no encontrarán ninguna dificultad para entender los conceptos, ya que todo se explica con la ayuda de ejemplos de la vida cotidiana.

La explicación de los conceptos fundamentales comienza con los cuantos de energía electromagnética, y le sigue una descripción bien explicada del principio de incertidumbre. El principio de superposición también está vinculado con los temas mencionados anteriormente para dar a los lectores la oportunidad de entender todos los temas relacionados en un solo lugar. Es importante mencionar aquí que estos principios se discuten empezando por su origen. El conocimiento completo de su pasado y de cómo se desarrollaron las teorías está escrito con referencias adecuadas. Los estudiantes también pueden relacionar estos principios con ejemplos de la vida cotidiana.

La teoría del efecto fotoeléctrico de Einstein y la ecuación ondulatoria de Schrodinger son dos de las áreas más significativas de la física cuántica. Estos principios cubren la mayor parte del libro junto con los conceptos relacionados como la dualidad onda-partícula, la interferencia de ondas y la mecánica ondulatoria de Schrodinger. Estos conceptos se relacionan con las aplicaciones en la vida cotidiana para que los jóvenes estudiantes puedan tener una mejor comprensión conceptual de todos estos temas complejos. Los ejemplos de la vida cotidiana animan a los estudiantes a pensar en los problemas de física de una manera crítica.

La parte final del libro trata del impacto de la Física Cuántica en nuestra vida cotidiana. La Física Cuántica nos facilita la vida en varios sentidos. Ha revolucionado la forma en que vivimos y pasamos nuestros días y noches, ya que tiene aplicaciones en la mayoría de las industrias, desde las máquinas eléctricas hasta los ordenadores, pasando por las industrias médicas y manufactureras. Muchas herramientas y dispositivos que utilizamos en nuestras vidas funcionan según los principios de la Mecánica Cuántica. Todos estos ejemplos y aplicaciones se discuten en términos claros en el último capítulo. Además, en este libro también se estudia la Física Cuántica asociándola con la asignatura de Ciencias de los Materiales e Ingeniería. Se explica a los estudiantes cómo los materiales innovadores de hoy en día siguen las propiedades descritas por la Física Cuántica.

Habría sido una auténtica injusticia para la Física Cuántica si no se presentara a los estudiantes el conocimiento de los ordenadores cuánticos. Los ordenadores cuánticos han supuesto una revolución en nuestras vidas, y todo se debe a los conceptos y principios de la Física Cuántica. El libro termina con la parte de aplicaciones y significado, y los estudiantes que completen el libro con un aprendizaje preciso entenderán todos los temas centrales de la Física Cuántica.

1

Introducción a la Física Cuántica

1.1 ¿Qué es la física cuántica?

La física cuántica es una subdivisión de la física que estudia el comportamiento de la materia y la luz a nivel atómico y subatómico. Trata de aclarar y categorizar las propiedades de las moléculas, los átomos y sus componentes, como los electrones, protones, neutrones y otras partículas, incluidos los quarks y los gluones. Entre estas propiedades se encuentran las interacciones de las partículas con la radiación electromagnética y entre sí.

En palabras más sencillas, la física cuántica es el estudio de la materia y la energía. La energía viene en paquetes indivisibles llamados quanta es un principio fundamental de la física cuántica. Los cuantos actúan de forma diferente a la materia macroscópica: las partículas pueden imitar a las ondas y las ondas a las partículas.

El comportamiento de la materia y la radiación a nivel atómico es a menudo extraño, y las implicaciones de la teoría cuántica suelen ser difíciles de comprender y creer. Sus ideas chocan a menudo con las de sentido común derivadas de las observaciones de la vida cotidiana. Sin embargo, no se aclara por qué el comportamiento del mundo atómico debe identificarse con el del mundo en general. La mecánica cuántica es una rama de la física y el objetivo de ésta es explicar cómo funciona el mundo.

La mecánica cuántica es intrigante por varias razones. Para empezar, revela los fundamentos de la metodología de la física. En segundo lugar, ha generado continuamente resultados precisos en prácticamente todos los casos a los que se ha aplicado.

1.2 ¿Qué es la teoría cuántica?

La teoría cuántica es la base de la física moderna y explica el origen y el comportamiento de la materia y la energía a nivel atómico y subatómico. La física cuántica y la mecánica cuántica son términos utilizados para ilustrar el inicio y el comportamiento de la materia y la energía a ese nivel.

El físico Max Planck propuso su teoría cuántica a la Sociedad Alemana de Física en 1900. Planck trató de esbozar por qué el rubor de la radiación de un cuerpo incandescente varía del rojo al azul y al naranja entre ambos a medida que aumenta su temperatura. Descubrió la respuesta a su pregunta suponiendo que la energía existía en unidades individuales del mismo modo que la materia. Se opuso al concepto aceptado anteriormente.

Fue fácil para una revelación que derribó las ideas de Isaac Newton sobre el origen de la luz. Ideó un experimento sencillo pero elegante para revelar la existencia ondulatoria de la luz, desaprobando la hipótesis de Newton de que la luz está formada por partículas.

Para caracterizar estas unidades individuales de energía, Planck ideó una ecuación matemática que implicaba una cifra, a la que llamó cuantos. Planck descubrió que, en determinados rangos discretos de temperatura (múltiplos exactos de un valor mínimo simple), la energía de un cuerpo radiante ocupaba varias zonas de la banda de color, tal y como describía la ecuación. Planck creía que la observación de los cuantos formaría una teoría, pero su propia aparición suponía una interpretación nueva y elemental de las leyes de la naturaleza. En 1918, Planck recibió el Premio Nobel de Física por su teoría.

El desarrollo de la teoría cuántica Planck anticipó que la energía estaba formada por unidades individuales, o cuantos. Esto se anunció en 1900. Albert Einstein propuso en 1905 que no sólo la energía sino también la radiación se cuantificaban de la misma manera. Louis de Broglie sugirió en 1924 que no hay ninguna disimilitud elemental en la composición y la acción de la energía y la materia; ambas pueden comportarse como si estuvieran compuestas de partículas u ondas a nivel atómico y subatómico. Esta teoría se conoce como el concepto de dualidad onda-partícula, que afirma que las partículas elementales tanto de energía como de materia se comportan como partículas u ondas dependiendo de las condiciones. Werner Heisenberg sugirió en 1927 que la medición precisa e inmediata de dos valores complementarios, como la posición y el momento de una partícula subatómica, es imposible. Su cálculo simultáneo es intrínsecamente defectuoso en comparación con los conceptos de la física clásica. Esto se descubrió cuando el valor se calculó con mayor precisión. El principio de incertidumbre nació de esta teoría.

1.3 El origen de la física cuántica A finales del siglo XIX los científicos habían combinado un amplio conocimiento del comportamiento de la luz y la materia, pero era casi observacional. Se basaba en observaciones más que en una teoría teórica.

La relación entre el color de un cuerpo negro y su temperatura era desconocida hasta entonces. Nadie entendía cómo se producían las líneas espectrales ni cómo la luz podía atravesar el espacio como una partícula o una onda. Hasta ese momento, se necesitaba una nueva disciplina que pudiera dar respuesta a todos estos problemas.

El verdadero significado de la materia seguía siendo igualmente enigmático. Nadie sabía por qué una serie de elementos tienen propiedades periódicas, ni se conocía la causa de la fluorescencia y la radiación, ni la identidad de las partículas generadas por los elementos radiactivos. Los problemas seguían aumentando y las preguntas se volvían a plantear.

En el siglo XX se descubrió que muchas de ellas se aplican a la mecánica cuántica, una moderna colección de leyes físicas que antes sólo se referían al mundo microscópico. La mecánica cuántica ha revolucionado nuestra visión del universo al representar que los objetos pequeños se comportan de manera que desafían el sentido común.

Quienes observaron por primera vez este comportamiento lo encontraron profundamente alarmante, y las implicaciones de la mecánica cuántica siguen sorprendiendo. La superfluidez es probablemente el ejemplo más aparente de esto, donde el agua sube por las paredes verticales y escapa de sus depósitos.

La mecánica cuántica tiene tantas ramificaciones metafísicas que aún no se entienden.

A pesar de su peculiaridad, nunca se ha demostrado que las predicciones exclusivas de la mecánica cuántica sean erróneas. En realidad, la teoría se ha utilizado para explicar una amplia gama de fenómenos, incluido el comportamiento de todas las partículas subatómicas conocidas y todas las fuerzas, excepto la gravedad.

También se ha utilizado en química y biología para ilustrar cómo nuestro cerebro interpreta diversos olores y cómo funciona la fotosíntesis. La mayor parte de la tecnología moderna, incluidos los transistores, los microchips y los láseres, se basa en la mecánica cuántica. La teoría cuántica de la física moderna nació cuando el físico alemán Max Planck lanzó su innovador análisis del resultado de la radiación en un cuerpo negro.

Planck demostró que la energía podía adoptar el carácter de la materia física a veces mediante experimentos físicos.

Según la teoría de Planck, la energía radiante está formada por componentes que parecen partículas llamadas "cuantos". Ayudó a esclarecer sucesos innatos hasta entonces desconocidos, como la acción del calor sobre los sólidos. Planck obtuvo el Premio Nobel en 1918.

Otros, como Niel Bohr, De Broglie, Albert Einstein, Paul Mirac, Niels Bohr y Erwin Schrodinger, llevaron adelante la teoría de Planck y prepararon el camino para la progresión de la mecánica cuántica. A diferencia de la mecánica clásica, la mecánica cuántica adopta una visión de la existencia y supone que todas las propiedades exactas de los distintos objetos son computables en teoría. La física moderna se basa en la síntesis de la mecánica cuántica y la teoría de la relatividad de Einstein.

1.4 La relación entre la física cuántica y la mecánica cuántica El aprendizaje de las partículas subatómicas se denomina "mecánica cuántica" o "física cuántica". Sin embargo, el término "mecánica cuántica" es más expresivo. Es el nombre que se le dio al campo después de que se redujera a leyes matemáticas. Luego evolucionó hasta convertirse en un tipo de mecánica. El área se conocía como "teoría cuántica" o "física cuántica" antes de la organización de las leyes matemáticas que rigen las partículas subatómicas. La palabra "quantum" de la física cuántica tiene sus raíces en la mecánica cuántica.

La distinción entre ambas es puramente histórica. Niels Bohr recomendó la primera teoría de la mecánica cuántica para el átomo de hidrógeno. La mecánica cuántica de Heisenberg y Schroedinger la sustituyó en pocos años. La teoría de Bohr se conoce como teoría cuántica, y el campo de la ciencia que la siguió se conoce como mecánica cuántica. Desde que la mecánica newtoniana inició la era de la progresión científica de la física y las matemáticas, la física suele denominarse mecánica.

En concreto, en los primeros años no había diferencia entre ambas, ya que la electricidad y el magnetismo, y el resto de la física actual, aún no se habían estudiado cuantitativamente. Normalmente, el término "mecánica" se refiere a sistemas clásicos como la estática y la dinámica de las partículas, los fluidos y los cuerpos rígidos, y a las reformulaciones matemáticas de sus leyes.

Cuando los físicos revelaron que estas partículas no se ajustan a las leyes de la mecánica clásica, acuñaron el término "teoría cuántica". Los físicos idearon por primera vez reglas cuánticas más bien teóricas que matemáticas.

1.5 La estructura atómica y el modelo atómico de Bohr La unidad más pequeña de la materia, el átomo, conserva todas las propiedades químicas de un elemento. Los átomos se unen para formar moléculas, que interactúan para formar sólidos, gases y líquidos. El agua se forma como una combinación de átomos de hidrógeno y oxígeno que se han unido para formar moléculas de agua. Muchos procesos orgánicos se dedican a desmantelar las moléculas en sus átomos constituyentes y a volver a ensamblarlas en una molécula con mayor propósito.

La estructura atómica es la disposición de un átomo que consta de un núcleo (el centro) y protones (con carga positiva), y neutrones (neutros). Los electrones son partículas con carga negativa y giran alrededor del núcleo.

Los orígenes de la estructura atómica y la mecánica cuántica se remontan a Demócrito, el pionero en proponer que la materia está formada por átomos. El análisis de la estructura de un átomo proporciona una gran cantidad de información sobre las reacciones químicas, los enlaces y sus propiedades físicas. En el siglo XIX, John Dalton propuso la primera teoría empírica de la estructura atómica.

La composición del núcleo de un elemento y la distribución de los electrones a su alrededor se denomina estructura atómica. Los protones, los electrones y los neutrones son los componentes de la estructura atómica de la materia.

El núcleo del átomo está formado por protones y neutrones, que están rodeados por los electrones del átomo. Su número atómico define el total de protones en el núcleo de un elemento. Los protones y los electrones están en números similares en los átomos neutros. Pero los átomos ganan o pierden electrones para mejorar su estabilidad, y el objeto cargado resultante se conoce como ion.

Dado que los distintos elementos tienen números diversos de protones y electrones, sus estructuras atómicas varían. Por ello, los distintos elementos tienen características diferentes.

El modelo atómico de Bohr En 1915, Niels Bohr propuso el modelo de Bohr del átomo. Algunos relacionan el Modelo de Bohr con el Modelo de Rutherford-Bohr, ya que es una variación del anterior Modelo de Rutherford.

La mecánica cuántica es la base del modelo actual del átomo. El Modelo de Bohr destaca porque explica la mayoría de las características establecidas de la teoría atómica, careciendo de las matemáticas avanzadas que requiere la versión moderna. A diferencia de las versiones anteriores, el Modelo de Bohr aclara la fórmula de Rydberg para las líneas espectrales del hidrógeno atómico.

En el modelo de Bohr, los electrones cargados negativamente giran alrededor de un pequeño núcleo cargado positivamente, como los planetas alrededor del sol. La fuerza gravitatoria del sistema solar equivale exactamente a la fuerza de Coulomb entre los núcleos cargados positivamente y los electrones cargados negativamente.

Para demostrar el proceso del movimiento de los electrones en órbitas estables que giran alrededor del núcleo, Bohr propuso su modelo de cáscara cuantizada del átomo en 1913. El movimiento de los electrones del modelo de Rutherford estaba desequilibrado, ya que, según la teoría electromagnética y la mecánica clásica, cualquier partícula eléctrica que se desplace por un camino curvo emite radiación electromagnética. Por tanto, los electrones podrían ceder energía y volver al núcleo. Para resolver el problema de la estabilidad, Bohr actualizó el modelo de Rutherford afirmando que los electrones viajan en órbitas de energía de tamaño fijo.

La viveza de un electrón es relativa a la dimensión de la órbita, y las órbitas más pequeñas tienen menor energía. Sólo cuando un electrón salta de una vía a otra se produce la radiación. Como no hay órbitas de menor energía a las que el electrón pueda saltar, el átomo sería estable en el estado con la órbita más pequeña.

Sin embargo, Bohr descubrió que la constante cuántica propuesta por el físico alemán Max Planck tiene unas dimensiones que pueden dar una medida de longitud significativa cuando se combina con la masa y la carga del electrón. La medida es similar a la dimensión identificada de los átomos en términos de números. Esto inspiró a Bohr a utilizar la constante de Planck en su búsqueda de una teoría del átomo.

En una ecuación matemática que describe la radiación luminosa producida por los cuerpos calentados, Planck introdujo su constante en 1900. Planck propuso que la energía sólo podía liberarse o consumirse en cantidades distintas conocidas como cuantos. Una nueva constante fundamental, h, relaciona el cuanto de energía con la frecuencia de la luz.

Si un cuerpo está caliente, la energía radiante en un determinado rango de frecuencias es proporcional a la temperatura del cuerpo, según la teoría clásica. Sin embargo, según la teoría de Planck, la radiación sólo puede producirse en cantidades cuánticas de energía. La suma de la luz en ese rango de frecuencias disminuirá si la energía radiante es menor que el quantum de energía. La fórmula de Planck describe con precisión la radiación de los cuerpos calentados.

Bohr estimó los niveles de energía del átomo de hidrógeno utilizando la constante de Planck. Propuso que el momento angular del electrón está cuantizado. Esto significa que sólo puede tener valores discretos. De lo contrario, los electrones seguirían las leyes de la mecánica clásica y orbitarían el núcleo en órbitas circulares. Las órbitas de los electrones tienen tamaños y energías fijas debido a la cuantización. Se utiliza un número entero n (número cuántico) para marcar las órbitas.

Postulados del modelo de Bohr de un átomo - Los electrones cargados negativamente y presentes en un átomo, orbitan alrededor del núcleo cargado positivamente en una dirección circular definida.

- Las órbitas circulares en las que se mueven los electrones se conocen como cáscaras orbitales porque cada órbita o cáscara tiene una energía fija.

- El número cuántico es un número entero (n=1, 2, 3) que representa los niveles de energía. Esta matriz de números cuánticos comienza en el lado del núcleo, con n=1 que tiene el nivel de energía más bajo. Las cáscaras K, L, M, N.... se asignan a las órbitas n=1, 2, 3, 4..., y se supone que un electrón se encuentra en el estado básico cuando alcanza el nivel de energía más bajo.

- Un electrón en un átomo gana energía para pasar de un nivel energético inferior a uno superior, y un electrón pierde energía para pasar de un nivel energético superior a uno inferior.

Bohr y los átomos más pesados El núcleo de los átomos más pesados tiene más protones que el núcleo de los átomos de hidrógeno. Para eliminar la carga positiva de estos protones, se necesitan más electrones. La órbita de cada electrón, según Bohr, sólo podía contener un conjunto definido de electrones. Los electrones adicionales pasarían al siguiente nivel hasta completarlo. Para los átomos más pesados, el modelo de Bohr caracterizaba las envolturas de los electrones. El modelo aclaró algunas propiedades atómicas de átomos comparativamente más pesados que antes no se habían reproducido. Por ejemplo, el modelo de cáscara demostró por qué, a pesar de tener más protones y electrones, los átomos se hacían más pequeños a medida que avanzaban en el tiempo (fila) de la tabla periódica. También aclaró por qué los gases nobles son inertes y por qué los átomos del lado izquierdo de la tabla periódica capturan electrones mientras que los de la derecha los pierden. Sin embargo, el modelo suponía que los electrones de las envolturas no interactuaban entre sí, por lo que no se explicaba por qué los electrones parecían apilarse en un patrón inusual.

Problemas con el Modelo de Bohr - Como cree que los electrones tienen tanto un radio como una órbita conocidos, infringe el Principio de Incertidumbre de Heisenberg.

- El modelo de Bohr da un valor erróneo para el momento angular del estado básico.

- Tiene un débil historial de predicción de las líneas espectrales de los átomos más grandes.

- No predice las intensidades comparativas de las líneas espectrales.

- El modelo de Bohr no explica las estructuras finas e hiperfinas de las líneas espectrales.

- No tiene en cuenta el efecto Zeeman.

Correcciones y optimizaciones del modelo de Bohr El

modelo de Sommerfeld, también conocido como modelo Bohr-Sommerfeld, fue el refinamiento más notable del modelo de Bohr. En este modelo, los electrones orbitan el núcleo en órbitas elípticas en lugar de circulares. El modelo de Sommerfeld describió mejor los efectos espectrales atómicos, como el efecto Stark de la división de las líneas espectrales. El número cuántico magnético, por el contrario, no fue acomodado por el modelo.

En 1925, el modelo de Bohr y otros modelos basados en él fueron sustituidos por el modelo basado en la mecánica cuántica de Wolfgang Pauli. El modelo contemporáneo, iniciado por Erwin Schrodinger en 1926, se desarrolló a partir de ese modelo. En la actualidad, la mecánica ondulatoria se utiliza para caracterizar los orbitales atómicos y comprender la acción del átomo de hidrógeno.

1.6 El modelo cuántico del átomo El físico Erwin Schrödinger utilizó la dualidad onda-partícula del electrón para instituir y resolver una ecuación aritmética compuesta que explicaba con precisión la acción del electrón presente en un átomo de hidrógeno en 1926. La solución de la ecuación de Schrödinger dio lugar al modelo cuántico del átomo. Para resolver la ecuación, las energías de los electrones deben cuantificarse. A diferencia del modelo de Bohr, la cuantización se asumió sin fundamento numérico.

Recordemos que la trayectoria exacta del electrón en el modelo de Bohr se limitaba a trayectorias circulares muy definidas alrededor del núcleo. El modelo cuántico se opone completamente a esto. Las funciones de onda, que son las correcciones de la ecuación de onda de Schrödinger, sólo dan la probabilidad de tener un electrón en una posición conocida alrededor del núcleo. Los electrones no vuelan en órbitas circulares básicas alrededor del núcleo.

La nube de electrones es una expresión utilizada para explicar la posición de los electrones en un modelo cuántico del átomo. La nube de electrones se puede conceptualizar:

Imagina un papel cuadrado de cuatro lados con un punto negro oscuro en el centro que muestra el núcleo en la superficie. Coja un rotulador y déjelo caer repetidamente sobre la página, dejando pequeñas marcas en cada punto donde caiga el rotulador. El patrón general de puntos será casi circular si dejas caer el marcador varias veces. Si te diriges bastante bien al centro, verás más puntos cerca del núcleo y menos a medida que te alejas de él. Cada punto corresponde a una posible ubicación del electrón. La densidad de una nube de electrones varía, con una densidad elevada en la que las posibilidades de presencia de un electrón son mayores y una densidad baja en la que las posibilidades de encontrar un electrón son las menores.

Para elaborar la figura de la nube, es común someterla a la sección del espacio dentro de la cual el electrón tiene un 90% de posibilidades de ser encontrado. La ecuación de onda de Schrödinger y su solución son los fundamentos de la mecánica cuántica. De la solución de la ecuación de onda surgen las cáscaras, las subcáscaras y los orbitales.

La ecuación de Schrödinger es difícil de aplicar a los átomos multielectrónicos, ya que la ecuación de onda de Schrödinger no puede resolverse exactamente para un átomo multielectrónico.

El fenómeno mecánico cuántico de un átomo se creó después de que se utilizara la ecuación de onda de Schrödinger para determinar la estructura de un átomo. La energía de un electrón está cuantizada, lo que significa que sólo puede tener valores de energía específicos.

La solución permitida de la ecuación de onda de Schrödinger es la energía cuantizada de un electrón, que es el producto de las propiedades ondulatorias del electrón. Según el Teorema de la Incertidumbre de Heisenberg, la posición y el momento exactos de un electrón no pueden determinarse.

La función de onda (ψ) de un electrón en un átomo se denomina orbital atómico. Un electrón ocupa un orbital atómico siempre que una función de onda lo represente. También hay orbitales atómicos para un electrón, y éste puede tener numerosas funciones de onda. Cada función de onda u orbital atómico tiene una forma y una energía particulares. La función de onda del orbital de un átomo almacena la información sobre el electrón en el átomo, y la mecánica cuántica permite extraer esta información.

La probabilidad de tener un electrón en un punto concreto del átomo es proporcional al cuadrado de la función de onda (orbital) en ese lugar, es decir, $|\psi|2$. La densidad de probabilidad es siempre positiva y se conoce como $|\psi|2$.

Tanto el modelo de Bohr como el modelo cuántico son los modelos de estructura atómica en uso. El modelo cuántico es matemáticamente dependiente. Se utiliza para describir realizaciones hechas en átomos multifacéticos, al tiempo que es más difícil de entender que el modelo de Bohr.

El modelo cuántico tiene sus raíces en la teoría cuántica, que afirma que la materia tiene propiedades ondulatorias. Según la teoría cuántica, es improbable conocer simultáneamente la ubicación exacta y el momento de un electrón. Esto se conoce con el nombre de Principio de Incertidumbre de Heisenberg.

El modelo mecánico cuántico del átomo emplea formas multifacéticas de orbitales (también conocidas como nubes de electrones). En definitiva, este modelo se basa en la probabilidad frente a la certeza.

1.7 ¿Cómo se revolucionó la física al añadir la teoría cuántica?

La mecánica cuántica ha predispuesto el avance de una amplia gama de disciplinas de la física.

Se propuso por primera vez en el año1925 y desde entonces ha adquirido un nombre impactante, ampliando su esfera de influencia. Desde entonces, ha evolucionado como la voz de la física, y cualquiera que pretenda comprender los conceptos fundamentales de la física sin dominar primero esta materia perecerá en el abismo de la ignorancia.

Desafíos de la física clásica Si echamos la vista atrás en la historia, podemos ver que la física clásica lo pasó mal en la primera parte del siglo XX. El único enfoque para comprender la polarización, la difracción y la interferencia era considerar que la luz era una onda. Sin embargo, algunos fenómenos desafiaban el principio de onda de la radiación electromagnética, como la radiación de un cuerpo negro, la dispersión Compton y el efecto fotoeléctrico. Planck aclaró el espectro de la radiación de un cuerpo negro suponiendo que los átomos de las paredes del cuerpo negro sirven como osciladores armónicos.

Einstein y Compton explicaron los dos fenómenos residuales anticipando que la radiación, concretamente la luz, está formada por fotones, cada uno con la energía h. Como resultado, la luz tiene una naturaleza doble, mostrando un comportamiento ondulatorio y un comportamiento de partícula en otras ocasiones. Esta ampliación de una definición para incluir nuevos ámbitos es algo que siempre había estado presente en la física. Newton demostró que las leyes de la mecánica tienen la misma configuración en todos los marcos de orientación.

Einstein, cuyo genio en la historia de la ciencia casi no tiene rival en el siglo XX, amplió este concepto exigiendo que las leyes de la física tengan la misma forma en todos los marcos de orientación inercial. Este es uno de los dos postulados fundamentales de la relatividad especial. Sin embargo, es vital señalar que Newton sólo lo sugirió en función de la 2ª ley del movimiento, mientras que Einstein lo calificó como una condición para la solidez de cualquier ley física.

El efecto fotoeléctrico Hertz expuso en 1887 el efecto fotoeléctrico, que consiste en la liberación de electrones por parte del metal cuando la luz incide sobre él. El carácter distintivo posterior de este resultado se descubrió mediante experimentos. Cuando la luz incide sobre una pieza metálica en el vacío, la frecuencia de la luz entrante se establece en la liberación de electrones. La frecuencia a la que se alcanza esta entrada varía de un metal a otro. La potencia de la fuente de luz no afecta a la liberación de electrones ni a la energía de los electrones liberados, conocidos como fotoelectrones.

Las propiedades mencionadas no podían explicarse con la ayuda del concepto clásico de radiación electromagnética. Einstein merece un reconocimiento por haber encontrado una solución para esta cuestión, ya que refinó y amplió los conceptos que Planck utilizó para describir el espectro de radiación de los cuerpos oscuros en 1905, asumiendo que "la luz está compuesta por cuantos de energía conocidos como fotones". La energía de un electrón aumenta en h cuando un fotón solitario es absorbido por él. La energía se utiliza en parte para sacar el electrón del metal. La velocidad del electrón y su energía cinética aumentan a medida que se le imparte la energía restante. $hv = E + \frac{1}{2} mv2$ La idea de que la luz está formada por fotones explica las cualidades de este efecto. De acuerdo con la fórmula mencionada, si la energía del fotón incidente es menor en comparación con la función de trabajo, los electrones no serán inaccesibles desde la superficie del metal y, por tanto, no estarán libres. También es comprensible que una fuente de luz más brillante haga que los fotones se liberen con mayor rapidez, lo que daría lugar a una corriente de electrones más fuerte. Utilizando la existencia cuántica de la luz, Einstein proporcionó una imagen satisfactoria del efecto fotoeléctrico.

La misma suposición que Einstein finalizó sobre la energía del fotón refleja vívidamente la existencia dual de la luz. La existencia ondulatoria de la luz determina la frecuencia, que se utiliza para describir la energía de las partículas que la componen.

1.8 Diferencia entre la Física Clásica y la Física Cuántica La física clásica es fundamental; conocer la totalidad del pasado ayuda a anticipar el futuro. Del mismo modo, tener toda la información del futuro permite calcular con precisión el pasado.

En la mecánica cuántica, los objetos no son ni partículas ni ondas; son cualquier cosa intermedia.

La materia es una curiosa combinación de ambas. Sólo

podemos hacer estimaciones probables del futuro si tenemos información completa del pasado.

Dos granadas con mechas similares estallarán en un momento idéntico en la física clásica. Dos átomos radiactivos indistintos pueden estallar, y generalmente lo harán, en momentos muy distintos, según la física cuántica. A pesar de la estadística de que son iguales, dos átomos indistintos de uranio-238 experimentarán una desintegración radiactiva separada por miles de millones de años.

Los físicos también utilizan una ley para diferenciar la física clásica de la cuántica. Es física cuántica si la constante de Planck da la idea en las ecuaciones. Es física clásica si no lo hace.

Aunque muchas características siguen sin descubrirse, la mayoría de los físicos están de acuerdo en que la física cuántica es la teoría precisa. En la circunstancia de que las propiedades cuánticas no sean reveladas, la física clásica puede inferirse de la física cuántica. La teoría de la correspondencia se refiere a esta verdad.

La física cuántica es la ciencia más reciente que ha sustituido a la física clásica. Por un lado, tenemos la imagen newtoniana de un mundo que funciona como un reloj. Toda la vida corpórea es una enorme máquina que avanza en el tiempo, alterando su conformación probablemente según reglas deterministas. Newton imaginó a su dios como un aritmético que formó el universo a partir de rudimentos físicos y los puso en movimiento utilizando unas cuantas rúbricas matemáticas rudimentarias. Estas rúbricas son las principales responsables de toda la vaguedad y multiplicidad de la naturaleza. Del mismo modo, todos los mecanismos, por muy complejos que sean, pueden dilucidarse utilizando estas reglas básicas.

Por otro lado, está el universo cuántico, que parece más una máquina tragaperras que un reloj desde nuestro mirador. En el mundo cuántico vemos los aparatos como probabilísticos.

El levantamiento cuántico, en realidad, va mucho más allá, sólo que integra la probabilidad como una función importante. Sustituye el reloj newtoniano por un sistema ajeno basado en una matemática mucho más progresiva. La revolución cuántica demuestra que la visión clásica es errónea.

Principios fundamentales de la física cuántica

2.1 Los cuantos de energía electromagnética

La física define la radiación electromagnética (RME) como ondas de campo electromagnético que pueden ser fotones o cuantos que se propagan por el espacio y que llevan consigo la energía radiante EM. Las microondas, los rayos ultravioleta, las ondas de radio, la luz visible, los rayos gamma y los rayos X son ejemplos de radiación electromagnética.

La radiación electromagnética se compone de vibraciones armonizadas de campos eléctricos y magnéticos conocidos como ondas electromagnéticas. Las ondas EM adquieren el ritmo justo equivalente a la velocidad de la luz en el vacío, normalmente abreviado como c. Las vibraciones de los dos campos forman una onda transversal en medios armonizados e isótropos, ya que son perpendiculares entre sí y al curso de la energía y la difusión de la onda. Una esfera es el frente de onda de las ondas EM generadas a partir de una única fuente, como en una bombilla. La frecuencia de oscilación o la longitud de onda de una onda EM puede establecer su ubicación dentro del espectro EM. Dado que estas ondas de frecuencias distintas tienen orígenes e implicaciones diferentes, reciben nombres distintos.

Las partículas excitadas eléctricamente que sufren una aceleración producen ondas electromagnéticas, que pueden obstaculizar a otras partículas excitadas y ejercer fuerza sobre ellas. Las ondas electromagnéticas captan el momento, la energía y el momento angular a gran distancia de su partícula fuente y los transmiten a la materia con la que entran en contacto. Dado que han ganado abundante distancia de las cargas móviles que las crearon, la radiación EM se correlaciona con esas ondas electromagnéticas libres de propagarse sin el resultado duradero de las cargas agitadoras que las produjeron.

Según la mecánica cuántica, la RME está formada por fotones, que son partículas sin carga y sin masa en reposo, y son los cuantos del campo electromagnético, responsables de todas las interacciones EM.

La presunción describe cómo las radiaciones electromagnéticas se interrelacionan con la materia a nivel atómico.

La energía total de un solo fotón está cuantizada, y los fotones de frecuencia elevada tienen mayor energía. La ecuación de Planck, $E = hf$ describe esta relación, donde E muestra la energía de un fotón, f es la frecuencia del fotón y h denota la constante de Planck. Por ejemplo, un fotón de rayos gamma podría tener aproximadamente 100.000 fracciones más que la energía de un solo fotón de luz visible.

La potencia de la radiación y la frecuencia determinan las implicaciones de la RME sobre los organismos biológicos y los compuestos químicos. Dado que los fotones tienen muy poca energía para ionizar las moléculas o los átomos o dividir los enlaces químicos, la RME de frecuencias visibles o más bajas como los infrarrojos, la luz visible, las ondas de radio y las microondas se denomina radiación no ionizante. Los impactos de calentamiento del transporte de energía creciente de varios fotones afectan a las implicaciones de estas radiaciones en las estructuras químicas. Por otro lado, las radiaciones ionizantes se explican como rayos de alta frecuencia, ya que los fotones independientes de frecuencia elevada tienen energía suficiente para ionizar las moléculas o desconectar los enlaces químicos.

La radiación EM es la energía propagada en ondas EM, como las ondas de radio, la luz visible y los rayos gamma, a través del espacio libre o de un medio material. La palabra también incluye la emisión y transmisión de esta forma de energía radiante.

James Maxwell, escocés de nacionalidad y físico de profesión, fue el primero en prever las ondas electromagnéticas. Anticipó su teoría electromagnética en 1864, afirmando que la luz, junto con otras fuentes de energía radiante, es una interferencia EM en forma de ondas. El físico alemán Heinrich Hertz ofreció una confirmación experimental en 1887, cuando formó las primeras ondas electromagnéticas creadas por el hombre e investigó sus propiedades. En el siguiente estudio, entendemos ahora la continuación y los orígenes de la energía radiante.

Se ha expuesto que los campos eléctricos que varían en el tiempo pueden provocar campos magnéticos y que los campos magnéticos que varían en el tiempo pueden provocar campos eléctricos de la misma manera. Como tales campos eléctricos y magnéticos se producen recíprocamente, tienen lugar simultáneamente y circulan como ondas EM. Una onda electromagnética es una onda oblicua, ya que los campos eléctrico y magnético se encuentran en ángulo recto. Las ondas EM avanzan a la misma velocidad en el espacio libre, independientemente de la velocidad de la fuente o de un observador.

Las propiedades de la radiación EM son comparables a las de otras ondas, como la difracción, la refracción, la reflexión y la interferencia. También puede clasificarse en función de la frecuencia con la que fluctúa en el tiempo o de su longitud de onda. La radiación EM tiene cualidades similares a las de las partículas, además de propiedades ondulatorias. Está cuantizada, de modo que la energía de una frecuencia determinada es igual a un número entero por h, donde h se conoce como la constante de Planck y es una constante fundamental de la naturaleza. Un fotón es un cuanto de energía EM. La energía del fotón está siempre en proporción directa a la longitud de onda, por lo que la luz observable y otras fuentes de radiación EM pueden considerarse como un flujo de fotones.

El espectro EM representa que la radiación electromagnética cubre una enorme diversidad de frecuencias o longitudes de onda. La luz visible, las microondas, las ondas de radio, los rayos infrarrojos, los rayos gamma, la luz ultravioleta y los rayos X son algunos campos utilizados para describirlo. Tanto las escalas de frecuencia como de longitud de onda son logarítmicas, y las longitudes de onda equivalentes son inversamente proporcionales.

Las distintas frecuencias de la radiación EM interactúan con la materia de formas distintas. El único medio transparente es el vacío, y todos los medios materiales absorben fuertemente ciertas partes del espectro electromagnético. Por ejemplo, los rayos infrarrojos de todas las frecuencias atraviesan el oxígeno molecular ($O2$), el ozono ($O3$) y el nitrógeno molecular ($N2$) de la atmósfera terrestre, pero los rayos X, la luz ultravioleta y los rayos gamma son muy absorbidos.

Dado que los rayos X tienen una frecuencia muy superior a la de la luz visible, pueden atravesar muchos materiales que no pasan la luz. Además, la asimilación de los rayos X por parte de un sistema molecular puede terminar en reacciones químicas. Cuando los rayos X son absorbidos por un gas, se expulsan fotoelectrones que ionizan las moléculas del gas en cuestión. Cuando estos procesos se producen en un tejido vivo, los fotoelectrones de las moléculas naturales destruyen las células del tejido. Los rayos gamma también tienen una naturaleza comparable a la de los rayos X, a pesar de tener una frecuencia algo más elevada. Como la energía de los rayos gamma se absorbe en la materia, el resultado es aproximadamente el mismo que el de los rayos X.

La teoría de las ondas EM había ganado por fin tras una larga lucha. La teoría de la radiación EM de Hertz-Maxwell-Faraday pretendía explicar los fenómenos de la luz, la electricidad y el magnetismo. La comprensión de estos sucesos permitió a los científicos generar RME de más de unas frecuencias diferentes nunca vistas antes, abriendo un nuevo mundo de probabilidades. Nadie creía que los conceptos básicos de la física estaban a punto de revolucionar una vez más.

La RME procede de una serie de fuentes naturales y artificiales. Las ondas de radio son producidas por objetos del espacio exterior, como los púlsares, y por circuitos electrónicos.

Las lámparas de vapor de mercurio y la iluminación de alta intensidad, así como el Sol, son causas de la radiación UV. Los rayos X también son producidos por estos últimos y por formas definidas de aceleradores de partículas y dispositivos electrónicos.

Al producir ondas EM y estudiar su transmisión, Hertz reveló el efecto fotoeléctrico en el año 1887. Su fuente y su receptor eran bobinas de inducción de chispa. La longitud general de la chispa de su detector se utilizaba para calcular la potencia del campo electromagnético. En raras ocasiones encerró el hueco de la chispa del receptor en una caja sombreada para escudriñar esto con mayor precisión. Se dio cuenta de que la chispa seguía siendo menos significativa con la funda puesta que cuando no lo estaba. Supuso acertadamente que la luz de la chispa del transmisor influía en el arco eléctrico del receptor.

Separó la luz de la chispa del transmisor con un prisma de cuarzo y reveló que el segmento ultravioleta del espectro luminoso era el responsable de mejorar la chispa del receptor. Dado que la única otra consecuencia de la luz sobre los fenómenos eléctricos que se conocía en aquella época era el aumento de la conductancia eléctrica del elemento selenio con la revelación de la luz, Hertz se tomó este descubrimiento de forma crítica.

Un año después del hallazgo de Hertz se comprendió que la radiación ultravioleta era responsable de la emisión de partículas cargadas negativamente de las superficies de hormigón. La innovación de Thomson sobre los electrones en 1897 y la posterior medición de la relación masa-carga facilitó que las partículas negativas emitidas en el efecto fotoeléctrico fueran reconocidas como electrones.

Lenard descubrió que la energía más cinética de los electrones no restringidos depende del metal utilizado en cierta medida que la potencia de la luz UV para una frecuencia de radiación UV.

El número de electrones emitidos aumenta al aumentar la concentración de luz, pero no su energía. Reveló que la frecuencia de luz mínima para cada metal es necesaria para favorecer la emisión de electrones. La luz con una frecuencia inferior a esta frecuencia mínima, independientemente de la intensidad, no tiene ningún efecto.

En 1905, Einstein llegó a la conclusión de que la radiación EM está formada por partículas de energía hv. Llegó a esta conclusión aplicando la ley de radiación de Planck para medir el cambio de entropía de un gas ideal causado por una alteración isotérmica del volumen al cambio de entropía de un cambio de volumen equivalente para la radiación EM.

En esta derivación no había orientaciones para los osciladores. Einstein llegó a la conclusión de que si la radiación EM está cuantizada, los procedimientos de absorción también lo están, lo que permite una descripción bien diseñada de las energías umbrales y la dependencia de la concentración del efecto fotoeléctrico. Entonces predijo que el efecto fotoeléctrico amplifica la energía cinética de los electrones emitidos de forma proporcional a hP, donde P es la cantidad de trabajo que el electrón crearía al salir del cuerpo. Como descubrió Lenard, la cantidad P, ahora reconocida como la función de trabajo, depende del sólido utilizado.

Los cuantos de luz fueron un concepto innovador de Einstein, pero sus contemporáneos rara vez lo adoptaron. Parecía adecuado cuantificar los estados de energía potencial para reconocer la absorción y emisión cuantificada de la radiación por una sustancia. La repugnancia a cuantificar las energías de la radiación EM es explicable, dado el extraordinario éxito de la teoría de Maxwell sobre la radiación EM y la evidente confirmación de su existencia ondulatoria. Además, la prescrita similitud de dos expresiones teóricas de la entropía de un gas ideal y la entropía de la radiación EM en el artículo de Einstein de 1905 se consideró una confirmación inadecuada para una auténtica correspondencia.

En 1912, Owen Richardson, Arthur Hughes y Karl Taylor Compton confirmaron el hallazgo de Einstein de que la energía cinética de los electrones fotoemitidos aumenta linealmente con la frecuencia de la luz, hP.

En 1916, Robert Millikan formuló un valor para la constante de Planck h midiendo tanto la frecuencia de la luz como el KE del electrón producido a causa del efecto fotoeléctrico, que era muy comparable al valor obtenido ajustando la ley de radiación de Planck al espectro de cuerpo oscuro de Wien.

Arthur Compton, estadounidense de nacionalidad y físico de profesión, reveló una prueba convincente del origen de partículas de la radiación EM en el año 1922. Mientras investigaba la dispersión de los rayos X, descubrió que estos rayos pierden parte de su energía durante el proceso de dispersión y salen con una frecuencia algo menor. El ángulo de dispersión, calculado a partir de la dirección de un rayo X no dispersado, amplifica la pérdida de energía. Según la mecánica clásica, el efecto Compton puede describirse como un choque elástico de dos partículas, similar a la colisión de dos bolas de billar. Un fotón de rayos X con energía h y momento h/c choca con un electrón en reposo.

2.2 El principio de incertidumbre La teoría de la incertidumbre se explica de forma diferente en dos marcos de la física cuántica. El principio de incertidumbre es más perceptible visualmente en la representación de la mecánica ondulatoria, pero la imagen más conceptual de la mecánica matricial lo formula de una manera más fácil de entender.

El principio de incertidumbre, también conocido como principio de incertidumbre de Heisenberg o principio de indeterminación, es una afirmación realizada por el alemán Werner Heisenberg en 1927. Afirma que la ubicación y la velocidad de un objeto no pueden determinarse con precisión, salvo en teoría. En realidad, en la naturaleza, las definiciones de posición precisa y velocidad precisa no tienen importancia.

Esta teoría no es comprensible en la vida cotidiana. Dado que las incertidumbres que disimula esta teoría para los objetos cotidianos son demasiado pequeñas para que se noten, es sencillo calcular tanto la posición como la velocidad de un coche. La regla absoluta establece que el producto de las incertidumbres de localización y velocidad es igual o mayor que una pequeña cantidad física o constante (h/(Pi), donde h es la constante de Planck, que tiene un valor aproximado de 6,6 1034 julios-segundo. El resultado de las incertidumbres se vuelve vital sólo para los átomos y las partículas subatómicas con masas pequeñas.

Cualquier intento de estimar con precisión la velocidad de una partícula subatómica, como un electrón, la obligará a desplazarse impulsivamente, haciendo inútil un cálculo inmediato de su ubicación. Este resultado tiene su origen en la estrecha relación entre partículas y ondas en la esfera de las dimensiones subatómicas y tiene poco que ver con las insuficiencias de los instrumentos de medición.

La dualidad onda-partícula prepara el terreno para el principio de incertidumbre. Toda partícula tiene una onda relacionada con ella, y toda partícula se comporta de forma ondulatoria. Lo más probable es que la partícula se sitúe donde los efectos ondulatorios de la onda son más evidentes o fuertes. Sin embargo, cuanto más violentos sean los efectos de ondulación de la onda relacionada, más distraída será la longitud de onda, lo que explica el impulso de la partícula. Una onda localizada tiene una longitud de onda indefinida, mientras que su partícula equivalente tiene una ubicación permanente pero no una velocidad fija. Una onda de partícula con una longitud de onda definida se desprende ampliamente. La partícula correspondiente, si bien tiene una velocidad bastante precisa, podría estar situada en casi cualquier lugar. Una medición muy precisa implica una vaguedad significativa en la medición de la otra.

El efecto del observador afirma que las observaciones de tales procesos no pueden realizarse sin alterar el sistema. En el pasado se confundió con el principio de incertidumbre. Como "aclaración" física de la incertidumbre cuántica, Heisenberg utilizó el efecto observador a nivel cuántico. Sin embargo, desde entonces se ha hecho notar que el principio de incertidumbre es innato en las propiedades de todas las estructuras ondulatorias y que sobrevive en la mecánica cuántica simplemente porque todos los fenómenos cuánticos son ondas de materia. El principio de incertidumbre articula una propiedad elemental de los sistemas cuánticos más que una declaración sobre la presentación observacional de la tecnología actual.

Es significativo señalar que el cálculo de las dimensiones se refiere a una fase en la que participa un físico-observador y a cualquier comunicación entre los objetos clásicos y cuánticos que se produce por separado respecto a un observador.

Dado que el principio de incertidumbre es un resultado tan elemental de la mecánica cuántica, se observa constantemente en los experimentos cuánticos. Sin embargo, como parte de su programa de estudio clave, algunos experimentos podrían probar decisivamente un tipo específico de principio de incertidumbre. Las pruebas de las relaciones de incertidumbre número-fase en materiales superconductores o en sistemas de óptica cuántica son algunos de estos ejemplos.

2.3 El principio de superposición de estados El principio de superposición establece que la respuesta total causada por dos o más estímulos es la cifra total de las respuestas causadas por cada estímulo independientemente para todos los sistemas lineales. Si la entrada A da una respuesta B y la entrada X da una respuesta Y, la entrada (A + X) da una respuesta (B + Y).

Dado que muchos sistemas físicos pueden clasificarse como sistemas lineales, esta teoría tiene muchas aplicaciones en ingeniería y física. Para entenderla con un ejemplo, consideremos una viga que puede llamarse el sistema lineal de nuestro experimento. La fuerza aplicada sobre la viga se toma como el estímulo de entrada, y su contraflexión se toma como la respuesta de salida. Los sistemas lineales son imprescindibles porque son comparativamente sencillos de examinar científicamente. Una amplia colección de técnicas aritméticas, por ejemplo, los métodos de transformación lineal como las transformadas de

Laplace y Fourier y el principio del operador lineal, se aplican a tales sistemas. La teoría de la superposición es sólo una estimación del comportamiento físico exacto, ya que los procesos físicos suelen ser lineales sólo en una pequeña medida.

Cualquier método lineal, incluidas las ecuaciones diferenciales lineales, las ecuaciones algebraicas y los sistemas de ecuaciones, está sujeto al principio de superposición. Las funciones, las señales que varían en el tiempo, los números, los vectores, los campos vectoriales o cualquier otra unidad que satisfaga estos axiomas pueden utilizarse como estímulos y respuestas para descubrir el resultado deseado. Una superposición se simboliza como un número vectorial cuando se discuten u observan vectores o campos vectoriales.

En el análisis de Fourier, el estímulo se escribe como la superposición de un número infinito de sinusoides. Estas sinusoides pueden evaluarse independientemente y su respuesta puede calcularse gracias al principio de superposición. La respuesta será una sinusoide con la misma frecuencia que el estímulo, pero con una amplitud y una fase diferentes por lo general. Según el principio de superposición, la respuesta del estímulo inicial es la suma total de todas las respuestas sinusoidales independientes.

Las ondas se analizan a menudo con la ayuda del análisis de Fourier. La luz ordinaria, por ejemplo, se define como una superposición de ondas planas en la teoría EM. Cualquier acción de una onda luminosa puede considerarse como una superposición de la actuación de estas ondas planas más simples si se aplica el principio de superposición a la condición.

Para distinguir las ondas se suelen utilizar parámetros indefinidos en el espacio y el tiempo, como la elevación en una onda de agua, la fuerza en una onda de sonido o el campo EM en una onda de luz. La amplitud de la onda es la evaluación de este parámetro, y la propia onda es una función que define la amplitud en cada punto.

La forma de la onda en cualquier sistema con ondas es una función de los orígenes del sistema y de las condiciones preliminares. La ecuación que describe la onda suele ser lineal, al igual que la ecuación de onda clásica. La teoría de la superposición puede utilizarse cuando este es el caso. La amplitud neta producida por dos o más ondas que atraviesan el mismo espacio es igual a la suma de las amplitudes emitidas por las ondas individuales en ocasiones separadas. Por ejemplo, dos ondas que se mueven en la misma ruta pasarían una a través de la otra sin ninguna deformación en el otro lado.

Este concepto subraya la interferencia de las ondas. Cuando dos o más ondas pasan por un vacío similar, la amplitud neta en cada punto es igual a la suma de la amplitud de todas estas ondas individuales. La diferencia final tiene una amplitud menor que las variaciones individuales en algunas situaciones. Esto puede verse en los auriculares con cancelación de ruido. Esto se conoce como interferencia disruptiva. En algunos casos, como en una serie de líneas, la diferencia final tiene una amplitud mayor que los componentes individuales, lo que se conoce como interferencia positiva.

Una teoría fundamental de la mecánica cuántica es la superposición cuántica. Define que dos o más estados cuánticos válidos pueden combinarse para crear otro estado cuántico aplicable, de forma similar a como funcionan las ondas en la física clásica, y que cualquier estado cuántico puede tomarse como una suma de todos estos estados discretos. Esto arroja luz sobre la propiedad matemática de las soluciones de la ecuación de Schrödinger. Dado que la ecuación de Schrödinger es lineal, cualquier combinación de soluciones lineales puede ser resuelta por ella.

Una de las tareas más significativas de la mecánica cuántica es descubrir cómo se propaga y se comporta una determinada forma de onda. Una función de onda muestra la onda, y la ecuación de Schrödinger se aplica para encontrar su curso de acción. Escribir una función de onda como una superposición de otras funciones de onda de un determinado tipo es una forma habitual de calcular su comportamiento. La acción de la función de onda original puede calcularse utilizando el principio de superposición, ya que la ecuación de Schrödinger es lineal.

2.4 El principio de indeterminación La aparentemente necesaria incompletud en la explicación de un sistema físico, que se ha convertido en uno de los principales aspectos de la descripción estándar de la física cuántica, se conoce como indeterminación cuántica. Antes del descubrimiento de la mecánica cuántica, se suponía que

- Un sistema físico tenía un estado fijo que definía todas sus propiedades observables de forma distintiva y viceversa.

- El estado se descubría únicamente por los valores de sus propiedades observables.

Una distribución de probabilidad sobre el conjunto de posibles resultados de una medición observable puede describir la indeterminación cuántica. El estado del sistema determina la distribución de probabilidad de una manera especial, y la mecánica cuántica ofrece un esquema para medirlo.

La mecánica cuántica no formuló la indeterminación en la medición. Los experimentadores sabían desde hacía tiempo que los errores de medición humanos podían conducir a resultados indeterminados. Pero los errores de medición se comprendían bien en la segunda mitad del siglo XVIII, y se aceptaba que podían minimizarse mediante la mejora de los equipos o compensarse con modelos de error aritmético. En la mecánica cuántica, la indeterminación es una propiedad esencial que no tiene nada que ver con los errores o las perturbaciones.

La indeterminación cuántica también puede visualizarse como una subdivisión con un momento notablemente calculado que debe tener un límite primario en cuanto a la precisión con la que se puede indicar su posición. Esta teoría de la incertidumbre cuántica puede articularse con la ayuda de otras variables. Por ejemplo, una partícula con una energía calculada tiene un límite elemental en cuanto a la precisión con la que se puede identificar la duración de la energía.

La indeterminación cuántica establece que el estado de un sistema no identifica un único conjunto de entradas para todas sus propiedades observables. Sin duda, según el teorema de Kochen y Specker, es imposible en la formulación de la mecánica cuántica que cada propiedad cuantificable tenga un valor determinado para un estado. Los valores de estas propiedades observables se obtendrán mediante una distribución de probabilidad determinada exclusivamente por el estado del sistema. Dado que la medición devasta el estado, cada valor calculado en la compilación debe ganarse con un estado recién preparado cuando hablamos de un conjunto de entradas.

En nuestra definición de estructura física, esta indeterminación puede verse como una clase de incompletitud elemental. Sin embargo, recordemos que la indeterminación mencionada anteriormente sólo se aplica a los valores de medición, no al estado cuántico.

Pero Einstein logró que un estado cuántico no pudiera ser una representación absoluta de un sistema objetivo. En contra de la creencia popular, nunca entendió la mecánica cuántica. Einstein demostró que si la mecánica cuántica es exacta, la percepción clásica de cómo funciona el mundo real deja de serlo.

Esta indeterminación se interpreta frecuentemente como un conocimiento que deducimos que existe en sistemas cuánticos independientes antes de los cálculos. Su aleatoriedad es una representación aritmética de la indeterminación, como demuestran los resultados de numerosos experimentos. La relación entre el azar y la indeterminación cuántica es delicada y puede verse de diferentes maneras.

Los experimentos de azar, como lanzar una moneda o un dado, pueden determinarse en la física clásica de forma que el conocimiento completo de las condiciones primarias provocará los resultados esperados. La imprevisibilidad se debe a la falta de información aparente durante el lanzamiento inicial de los dados. En la física cuántica, sin embargo, las teorías de Kochen y Specker sugieren que la aleatoriedad de la cuántica no tiene lugar a partir de tal conocimiento físico.

3

Mecánica ondulatoria

3.1 Dualidad onda-partícula

En la mecánica cuántica, la dualidad onda-partícula explica que cualquier objeto cuántico puede significarse como onda o como partícula. Imita la incapacidad de los términos clásicos como "partícula" y "onda" para dilucidar el comportamiento de los objetos a escala cuántica.

Da la impresión de que debemos aplicar una teoría y la adicional en otras, mientras que podemos emplear ambas. Nos encontramos con un tipo de encuentro novedoso. Podemos suponer que tenemos dos visiones complementarias de la realidad; ninguna describe el mecanismo de la luz cuando se ve de forma discreta, pero el mecanismo se explica de forma exhaustiva cuando se ve de forma conjunta.

Este mecanismo se ha detectado en los átomos básicos y en partículas complejas como los átomos y las moléculas. Las propiedades ondulatorias no suelen ser demostrables en las partículas más grandes debido a sus longitudes de onda tremendamente cortas.

Aunque se ha comprobado que la dualidad de ondas y partículas es beneficiosa para la física, aún no se ha determinado su implicación o comprensión.

La "inconsistencia de la dualidad" fue considerada por Bohr como una verdad elemental o abstracta de la realidad. Un supuesto objeto mostrará características de onda, de partícula o de ambas en diferentes entornos físicos. La explicación mecánica cuántica, según Bohr, requiere el abandono de la relación que incluye la relación de causas y efectos de la imagen analizada.

Werner Heisenberg analizó el tema con mayor intensidad. Consideró que la dualidad estaba presente en todas las figuras cuánticas, pero no justamente en la forma en que Bohr la encontraba. La observó en un segundo procedimiento de cuantización, que produce una nueva idea de los campos que surgen en el espacio-tiempo regular, al tiempo que permite prever la interconexión. La mecánica cuántica simple puede deducirse a causa de la teoría cuántica si se invierte la lógica. Nuestra interpretación de la realidad se basa en nuestras experiencias cotidianas. Sin embargo, la dualidad onda-partícula es tan insólita que nos obliga a reexaminar nuestras preconcepciones.

La propiedad esencial de la materia es la dualidad onda-partícula, en la que da la impresión de ser una onda un instante y actúa como una partícula al siguiente.

Para comprender la dualidad onda-partícula, es valioso deliberar sobre las disimilitudes entre las partículas y las ondas.

La canica puede ejemplificar las propiedades de las partículas. La canica es una mancha de vidrio con forma de esfera que se da en todo el espacio. Impartimos energía a la canica volteándola con el dedo; se trata de energía cinética, y la canica en movimiento la absorbe. Un puñado de canicas se lanza al aire y cae a la tierra, cada canica transfiere energía donde cae.

Si la onda está contenida en un punto, más tarde se extenderá por una amplia zona, de forma comparable a como se extienden las olas cuando dejamos caer un guijarro en un estanque. La ola transfiere la energía asociada a su movimiento. Como la onda se desprende, a diferencia de una partícula, la energía se dispersa por el espacio.

Por el contrario, las olas se dispersan. Los enormes rodillos en las aguas abiertas, las olas en un estanque, las ondas sonoras y las ondas luminosas son todos ejemplos de ondas.

Las partículas que colisionan se apartan unas de otras, pero las ondas que colisionan se atraviesan unas a otras y no parecen afectadas. Las ondas superpuestas pueden provocar interferencias, en las que una cresta se encuentra con una depresión, y la onda puede extinguirse.

Cuando partes de una onda se transfieren a través de agujeros estrechamente espaciados en una pantalla, las ondas se extienden en todas las direcciones e interfieren, haciendo que la onda se extinga en algunas zonas y se fortalezca en otras.

La difracción de las ondas luminosas es una reconocida propiedad de las mismas. Sin embargo, a principios del siglo XX se reveló un temor con las teorías sobre las ondas luminosas formadas por objetos calientes, como las brasas de una hoguera o la luz del sol.

La radiación del cuerpo negro es el nombre de este sistema de luz. Estas suposiciones siguen profetizando la catástrofe de los rayos UV para la luz emitida fuera del extremo azul del espectro.

La explicación era que la energía de las ondas de luz no era continua, sino que se presentaba en números inconexos, como si se completara con muchas partículas, comparables a nuestro puñado de canicas. La impresión de que las ondas de luz se comportan como partículas ascendió, y estas partículas fueron etiquetadas como fotones.

Los experimentos han puesto de manifiesto que las partículas atómicas se comportan como ondas. No vemos dos picos, uno por cada agujero, cuando disparamos electrones a un lado de una pantalla con dos agujeros cuidadosamente espaciados y calculamos la distribución de los electrones en el otro lado, como haríamos si utilizáramos ondas.

Se trata de una versión alternativa del experimento de la rendija de Young, pero esta vez con ondas de electrones como alternativa a la luz. Estas ideas son la base de la teoría cuántica, que es posiblemente la teoría más persuasiva jamás formulada por los científicos.

Lo curioso del experimento de difracción es que, a diferencia de una onda que cae en el mar, la onda de electrones no cede la energía a toda la superficie del detector.

La energía del electrón se acumula en un solo punto como si fuera una molécula. Aunque el electrón se mueve por el espacio como una corriente, se entremezcla con la materia en un punto solitario como una partícula. Esto se conoce como el principio de la dualidad de ondas y partículas.

Se asumió la importancia de creer que las partículas tenían

propiedades ondulatorias para comprender el ensamblaje y el comportamiento de los átomos. Si esto es correcto, una partícula puede difractarse como una onda a través de un par de agujeros cuidadosamente espaciados.

¿Qué ocurre con el resto de la onda si un electrón o un fotón se difracta como una onda pero emite su energía en un punto?

Se extingue de todos los rincones del mundo, para no volver a ser percibido. Aquellas partes de la onda alejadas del punto de interacción asumen de alguna manera que la energía ha desaparecido y desaparecen instantáneamente.

Si esto ocurriera con las olas del océano, un surfista en la ola fascinaría la energía, y la ola del océano desaparecería por la playa. Un surfista saldría disparado por la superficie del agua, mientras que los demás se quedarían pegados en la superficie.

Así es como actúan los fotones, los electrones e incluso las ondas de los átomos. Este desafío confundió a muchos científicos, con Einstein.

Einstein estaba preocupado por la posición de la partícula y determinó que la teoría cuántica carecía de detalles. Einstein y sus contemporáneos Boris Podolsky y Nathan Rosen dedujeron dos sustitutos en un artículo que prevalecía sobre las variables ocultas: o bien la teoría cuántica era inadecuada, o bien el problema estaba en nuestra interpretación de la propia realidad.

El punto de vista ondulatorio Julian Schwinger, premio Nobel, anticipó por primera vez el punto de vista ondulatorio en sus seis artículos sobre "La teoría de los campos cuantizados".

Según esta teoría, los cuantos son unidades distintas que progresan y se interrelacionan mediante ecuaciones deterministas, con la salvedad de que cuando un cuanto cede su energía a un átomo que lo absorbe, desaparece de todo el espacio. Lo que llamamos una partícula es esencialmente una unidad del campo que funciona como una partícula en su totalidad. Tiene que desaparecer instantáneamente, aunque se extienda a lo largo de muchos kilómetros, como un fotón que se arruga en una célula fotorreceptora del ojo. Es imposible tener sólo un segmento de un fotón.

Aunque a muchos físicos les resulta difícil aceptar el colapso instantáneo, no es racionalmente insignificante ni desbarata el Principio de Relatividad de Einstein. La eliminación de un campo antes de que actúe no transmite ninguna información fundamental. En el colapso de un cuanto sólo se enredan asociaciones no locales entre sucesos en diferentes lugares, y las asociaciones no pueden difundir energía o información.

3.2 Interferencia de ondas Supongamos que dos ondas chocan mientras viajan por el mismo medio. ¿Se ha preguntado alguna vez qué ocurre después? ¿Los efectos de esas ondas que colisionan en el medio? ¿Es posible que las dos ondas colisionen y reboten entre sí como se ve en un juego de billar cuando dos bolas chocan entre sí, o se empujarían mutuamente? La interferencia de ondas trata de la colisión de dos o más ondas que viajan a través de un medio idéntico.

Cuando un par de ondas chocan al pasar por un medio idéntico, esto se reconoce como interferencia de ondas. El medio adquiere una forma como resultado de la suma total de las dos ondas distintas en las partículas del medio debido a la interferencia de las ondas. Tomemos un par de pulsos de amplitud equivalente moviéndose en regiones contradictorias en el medio idéntico para comenzar nuestro examen de la interferencia de ondas. Supongamos que cada onda es 1 unidad más alta en su cresta y representa una onda sinusoidal. Si los impulsos sinusoidales se acercan entre sí, se originará un punto en el que se superponen. La forma final del medio en ese punto será un pulso sinusoidal desplazado en dirección ascendente con una amplitud mayor de 2 unidades.

La interferencia constructiva es un término utilizado para designar esta forma de interferencia. Es una forma de interferencia que surge cuando un par de ondas que interfieren tienen el mismo desplazamiento en el mismo curso en cualquier punto del medio. Las dos ondas tienen un desplazamiento ascendente en esta condición porque el medio tiene un desplazamiento ascendente mayor que el desplazamiento de los dos pulsos que interfieren. En cualquier punto en el que las dos ondas superpuestas se evacuen hacia arriba, se detecta una interferencia constructiva.

La interferencia destructiva se produce cuando un par de ondas interferentes presentan un desplazamiento en dirección contradictoria en cualquier punto del medio. Surge en cuanto una onda sinusoidal con un desplazamiento extremo de +1 unidad entra en contacto con una onda sinusoidal con un desplazamiento extremo equivalente a -1 unidad.

Sorprendentemente, la colisión de dos ondas durante este curso no tiene ningún resultado en las ondas individuales, ni se convierte en una razón para que se desvíen de su dirección prevista. A diferencia de lo que ocurre cuando dos bolas de snooker chocan o dos jugadores de fútbol chocan, esta acción es sorprendente. Las bolas de snooker chocarán y rebotarán entre sí, al igual que los jugadores de fútbol chocarán y llegarán a una situación de parada. Sin embargo, dos ondas chocarán, crearán una forma de consecuencia total del medio y luego continuarán sus actividades precedentes.

La mayoría de las ondas no parecen simples. Las olas complejas son más fascinantes, incluso impresionantes, pero parecen intimidar. La mayoría de las ondas tienen un aspecto polifacético porque están formadas por numerosas ondas básicas sumadas. Por suerte, las reglas para añadir ondas son sencillas.

Cuando dos o algunas olas adicionales llegan al mismo sitio simultáneamente, se superponen unas a otras. Cuando las ondas chocan, sus turbulencias se superponen, procedimiento conocido como superposición. Cada perturbación va unida a una fuerza, que se va sumando. Si todas las turbulencias siguen la misma trayectoria, la onda posterior es simplemente la suma de todas las turbulencias de las ondas individuales debido a la adición de sus amplitudes.

Aunque las interferencias constructivas y destructivas puras sí se producen, necesitan que las ondas idénticas coincidan. La mayoría de las ondas se superponen, dando lugar a una mezcla de interferencia constructiva y destructiva que diverge ocasionalmente y de un lugar a otro: un sistema de sonido, por ejemplo, puede ser fuerte en un lugar pero silencioso en otro. Las ondas sonoras se suman de forma constructiva y destructiva en varios lugares al variar su volumen.

Las ondas sonoras se forman con al menos dos altavoces en un sistema estereofónico, y las ondas sonoras pueden rebotar en las paredes. Ambas ondas se fijan una encima de la otra. El sonido combinado de dos reactores de avión percibido por un pasajero inmóvil es un ejemplo de sonidos que se transforman con el tiempo de positivos a destructivos. Como el sonido de los dos motores fluctúa en el tiempo de positivo a destructivo, el sonido mutuo fluctuará en intensidad.

Con frecuencia, las ondas no parecen moverse;

En cambio, sólo se agitan en el lugar. Las ondas inmóviles, por ejemplo, pueden verse en la superficie de un vaso de leche en la nevera. Las vibraciones del motor del frigorífico producen ondas en la leche que vibran hacia arriba y hacia abajo, pero no parecen desplazarse por la superficie. Las ondas se atraviesan unas a otras, convirtiéndose en un motivo de perturbación a su paso. Cuando la amplitud y la longitud de onda de dos ondas son idénticas, se sustituyen entre la interferencia positiva y la destructiva.

La consecuencia se conoce como onda estacionaria, ya que se asemeja a una onda inmóvil. Las ondas estacionarias pueden percibirse en la superficie de un vaso de leche. Otras ondas estacionarias pueden darse en las cuerdas de una guitarra. Las reflexiones del lado del vaso podrían producir las dos ondas que generan las ondas estacionarias en el vaso de leche.

Una inspección más detallada de los terremotos revela signos de ondas estacionarias, resonancia y circunstancias de interferencia constructiva y disruptiva. Un edificio puede temblar durante numerosos segundos a una frecuencia que se parece a la frecuencia normal de vibración del edificio, dando lugar finalmente a una resonancia que se convierte en una razón para que un edificio se derrumbe mientras los edificios adyacentes permanecen sin daños. Los edificios de una altura determinada suelen ser demolidos, aunque las construcciones más altas siguen en pie. La altura del edificio se asemeja a las condiciones para crear una onda estacionaria a esa altura. A veces, a lo largo de la superficie de la Tierra, se producen interferencias positivas cuando las ondas sísmicas retroceden en las rocas más gruesas. Las zonas más cercanas al epicentro no suelen verse afectadas, mientras que las zonas más alejadas son más propensas a sufrir daños.

En un teclado musical, al golpear dos teclas adyacentes se genera un sonido estremecedor que se suele denominar exasperante. El causante es la superposición de dos ondas de frecuencias comparables pero no coincidentes. Otro ejemplo puede verse cuando se está sentado en un avión a reacción, especialmente del tipo de doble motor: el sonido mutuo del motor sube y baja de volumen. Como las ondas sonoras tienen frecuencias comparables pero no iguales, el volumen varía. Como un par de ondas entran y salen de fase, el zumbido discordante del piano y el volumen cambiante del ruido del motor del avión se deben a una interferencia positiva y perturbadora.

El tema anterior propone que las ondas que se interrelacionan entre sí son monocromáticas o tienen una sola frecuencia, lo que exige que sean inconmensurables en su duración. Sin embargo, esto no es realista ni esencial. Si se superponen, dos ondas equivalentes de duración determinada con una frecuencia fija durante ese tiempo pueden ser motivo de un patrón de interferencia. Dos ondas comparables con un rango menor de frecuencia de longitud determinada pueden ser motivo de patrones de franjas con espaciamientos algo diferentes, y si la dispersión del espaciamiento es considerablemente menor que el espaciamiento ordinario de las franjas, aparecerá un patrón de franjas en la escena cuando las dos ondas se superpongan.

Las fuentes de luz tradicionales emiten ondas de frecuencias y tiempos variables desde numerosos puntos dentro de la fuente. Cada onda luminosa distinta puede ser motivo de un diseño de interferencia con su otra mitad si la luz se divide en dos ondas y luego se recombina, pero los patrones de franjas discretos tendrán etapas y espaciamientos diferentes, y no será visible ningún patrón de franjas inclusivo. Las fuentes de luz de un solo elemento, como las lámparas de sodio, tienen líneas de emisión de pequeña frecuencia. Antes de la creación del láser, todos los experimentos de este tipo se realizaban con determinadas fuentes, y tenía una amplia diversidad de aplicaciones.

Dado que un rayo láser está mucho más cerca de una fuente monocromática, es mucho más fácil generar franjas de interferencia con un láser. La comodidad con la que se pueden percibir las franjas de interferencia con un rayo láser puede causar ocasionalmente problemas, ya que las reflexiones parásitas pueden causar franjas de interferencia espurias que pueden provocar errores.

La luz blanca también puede percibir franjas de interferencia. Un diseño de franjas de luz blanca puede ser un espectro de numerosos patrones de franjas con un espaciado algo diferente. Si los patrones de franjas están en fase en el centro, las franjas crecerán en alcance a medida que la longitud de onda disminuye, dando lugar a múltiples franjas de color variable en la intensidad total. Young lo explica expresamente en su conversación sobre la interferencia de dos rendijas. Las franjas de luz blanca pueden ser muy beneficiosas en interferometría porque permiten percibir la franja de diferencia de trayectoria cero, ya que sólo se alcanzan cuando las dos ondas han recorrido distancias idénticas desde la fuente de luz.

3.3 Teoría de Einstein sobre el efecto fotoeléctrico A medida que un material absorbe la radiación EM, las partículas eléctricamente excitadas se descargan desde o dentro de él, produciendo el efecto fotoeléctrico. La expulsión de electrones fuera de una placa metálica cuando le llega la luz es una perfecta definición del efecto fotoeléctrico. La energía brillante puede ser visible, infrarroja, rayos gamma, rayos X y luz ultravioleta; el material puede ser cualquiera de los tres estados de la materia, y las partículas descargadas pueden ser iones o electrones. Debido a las confusas cuestiones que planteaba sobre la luz y las partículas frente al comportamiento ondulatorio, el mecanismo fue intensamente significativo en la expansión de la física moderna, que Einstein acabó respondiendo en el año 1905. La consecuencia sigue siendo trascendental en la investigación en campos muy diversos, como la astrofísica y las ciencias de los materiales, y en el desarrollo de una diversidad de valiosos dispositivos.

Otros experimentos descubrieron que el efecto fotoeléctrico es una interfaz entre la materia y la luz, que no podía ser aclarada por la física clásica, y que sólo explica la luz en nombre de una onda EM. Un descubrimiento confuso resultó que el KE inclusivo de los electrones no restringidos comparaba la frecuencia de la luz en lugar de la intensidad de la luz, como profetizaba la teoría ondulatoria. La intensidad de la luz reconocía la suma de los electrones expulsados del metal, y se calculaba como una corriente eléctrica. Otro descubrimiento confuso fue que la descarga de electrones y la afluencia de radiación se materializaban casi instantáneamente.

Debido a estos extraños comportamientos, Albert Einstein anticipó una nueva teoría de la luz en el año 1905, en la que cada subdivisión de la luz y el fotón comprende una cantidad estática de energía que fluctúa con la frecuencia de la luz. En concreto, un fotón tiene una energía denotada por E equivalente a hf, en la que f denota la frecuencia de la luz y h se considera una constante universal derivada por Max Planck para describir el suministro de longitudes de onda de la radiación del cuerpo negro o de la radiación EM liberada por un cuerpo caliente. La asociación también puede escribirse como $E = hc/\lambda$, en la que c denota la velocidad de la luz y h es la longitud de onda. Representa que la energía del fotón goza de una relación inversa con su longitud de onda. Esto significa que si una entidad aumenta, la otra disminuye.

Einstein profetizó que un solo fotón atravesaría un material y cedería la energía a otro electrón. La energía cinética del electrón disminuirá en una cantidad llamada función de trabajo, igual que la función de trabajo electrónica al pasar por el metal a una velocidad elevada y, finalmente, se desarrollará fuera del material. La función de trabajo imita la energía que necesita el electrón para salir del metal.

Aunque el modelo de Einstein caracterizaba la descarga de electrones fuera de una placa bien iluminada, la teoría de los fotones en discusión era tan fundamental que la hipótesis no fue ampliamente reconocida hasta que se demostró experimentalmente es lo que la hace vital. La autorización adicional llegó en el año 1916 cuando el científico estadounidense Robert Millikan utilizó mediciones tremendamente precisas para autentificar la ecuación de Einstein y demostró que el valor de la constante de Einstein h era idéntico al de la constante de Planck.

Arthur Compton calculó la variación de las longitudes de onda de los rayos X una vez que se entremezclaban a través de los electrones libres y verificó que la variación se podía encontrar tomando los rayos X como fotones. Por este descubrimiento exacto y una afirmación vital, Compton recibió el Premio Nobel en 1927.

Ralph Fowler, un aritmético, reconoció la asociación entre la temperatura y la corriente fotoeléctrica en los metales, avanzando nuestro conocimiento e interpretación de la emisión fotoeléctrica. Otras investigaciones descubrieron que la radiación EM podía descargar electrones en los no conductores y en los semiconductores. Los aislantes son aquellos materiales incapaces de conducir la electricidad, y los semiconductores son los materiales que pueden conducir la electricidad más que los aislantes pero no más que los conductores.

Principios de la fotoelectricidad La mecánica cuántica afirma que los electrones restringidos a los átomos tienen estructuras electrónicas multifacéticas. La banda de valencia es la disposición de máxima energía que generalmente habitan los electrones en un material específico, y el grado en que está ocupada define el poder de conductividad eléctrica del material. La capa de valencia de un metal conductor concreto está parcialmente ocupada con electrones que simplemente pasan de un átomo a otro y transportan la corriente producida. La capa de valencia está ocupada en un no conductor completo, como el vidrio, y a estos electrones de la capa exterior se les permite un movimiento menor. Los semiconductores, al igual que los aislantes, tienen bandas de valencia típicamente ocupadas, pero a diferencia de los aislantes, se requiere un esfuerzo menor para motivar a un electrón de la banda más externa a la siguiente banda de energía permitida que es la banda de conducción.

Esto se debe a que cualquier electrón que alcanza un estado de excitación de este tipo es comparativamente libre de moverse. Para entender el concepto, tomemos el ejemplo de un semiconductor conocido como silicio. Éste tiene un bandgap de 1,12 eV, mientras que otro material semiconductor, el arseniuro de galio, tiene un bandgap de 1,42 eV. Está más allá del límite de energía que toleran los fotones de luz visible y los infrarrojos. Para controlar el bandgap entre los no conductores, es obligatorio aplicar una radiación energética adicional. Esta radiación puede ayudar a mejorar la conductividad eléctrica de una sustancia semiconductora añadiendo una corriente eléctrica causada por un voltaje. En otro caso, puede producir una tensión sin la influencia de ninguna fuente de tensión exterior. Esto depende de cómo esté diseñado el material semiconductor.

La entrega de electrones produce la fotoconductividad mediante la luz y el paso de carga positiva de un nivel a otro. Las partículas cargadas negativamente mal colocadas en la capa más externa se denominan agujeros, y se refieren a los electrones elevados a la banda de conducción.

En cuanto el semiconductor recibe luz a través de la iluminación, tanto los electrones como los huecos aumentan el flujo de corriente.

Si los electrones liberados por la luz entrante se separan de los agujeros producidos, se produce una tensión que da lugar a una variación del potencial eléctrico. En lugar de utilizar un semiconductor completo, en estos casos se suele utilizar una unión p-n. La intersección de semiconductores de tipo p y de tipo n se reconoce como una unión p-n. Se añaden diferentes impurezas en el material semiconductor para producir electrones adicionales llamados de tipo n o agujeros adicionales llamados de tipo p en estas zonas de contraste. La iluminación ayuda a la liberación de agujeros y electrones en los lados opuestos de la conexión. En última instancia, se produce una tensión a través de la conexión que puede conducir la corriente y convierte la energía de la luz en energía eléctrica que puede ser utilizada para varias aplicaciones.

La radiación de frecuencia comparativamente elevada, como los rayos gamma y los rayos X, se convierte en un motivo de efectos fotoeléctricos adicionales. Además, estos fotones de elevada energía liberan electrones cerca del núcleo en un lugar en el que los electrones están estrechamente empaquetados y les resulta difícil moverse. En cuanto se expulsa ese electrón interior, un nuevo electrón con energía elevada avanza rápidamente para ocupar su lugar y llenar el hueco creado anteriormente. Esto se define como el efecto Auger, que es la descarga de uno o más electrones debido a la energía adicional.

Ventajas Los dispositivos fotoeléctricos tienen muchas ventajas, entre ellas que dan una corriente en proporción directa a la intensidad de la luz y tienen un tiempo de respuesta muy rápido. Inicialmente se conocía como fototubo, que era un tubo espacial con un cátodo metálico con una característica de trabajo menor. Permitía liberar fácilmente los electrones. Un ánodo mantenido a una tensión positiva elevada en comparación con el cátodo recogía la corriente descargada por la placa. Los fototubos fueron sustituidos por fotodiodos basados en semiconductores, que pueden calcular la intensidad de la luz, pueden percibirla y también son beneficiosos para controlar otros dispositivos. Por último, pero no por ello menos importante, también pueden ayudar a convertir la energía de la luz en electricidad. Estos dispositivos funcionan a voltajes más bajos, análogos a los de sus bandgaps, y se utilizan en diversas aplicaciones, como la monitorización de emisiones, las células solares, la detección de luz en redes de telecomunicaciones de fibra óptica y muchas más.

Los fotomultiplicadores y los fotodiodos también son beneficiosos en la tecnología de la imagen. Se utilizan en intensificadores de imagen, amplificadores de luz, tubos de almacenamiento de imágenes y tubos de cámaras de televisión. En el otro lado de un cátodo semitransparente, una imagen visual que cae en un lado se distorsiona en una imagen análoga de la corriente de electrones.

3.4 El principio de incertidumbre de Heisenberg El principio de incertidumbre se considera uno de los conceptos más imperativos de la mecánica cuántica. Designa que la incertidumbre existe en la naturaleza, un límite esencial para lo que podemos reconocer sobre el comportamiento de las partículas cuánticas. Sólo podemos imaginar la medición de las probabilidades de dónde se encuentran las cosas en los escenarios y cómo se comportarán en determinados escenarios. En contraste con el mundo de los relojes de Isaac Newton, en el que todos y cada uno viajan según leyes directas y la previsión es sencilla si se conocen las condiciones previas, la ley de la incertidumbre implanta la confusión en los principios cuánticos.

El concepto elemental de Werner Heisenberg aclara por qué los átomos no se colapsan, cómo luce el sol y por qué el espacio no está vacío.

La teoría de la incertidumbre es un complemento de cómo percibimos y enumeramos las cosas en la vida cotidiana. Los fotones, que son las ondas de luz, rebotan en la pantalla o el papel y entran en los ojos, lo que permite leer estos juicios. A una velocidad igual a la de la luz, cada fotón lleva algunos datos sobre la superficie de la que rebotó. No es tan fácil ver un átomo subatómico como un electrón. También se podría hacer rebotar un fotón y luego llevar un aparato para percibirlo.

Sin embargo, se espera que el fotón transmita algo de energía al electrón cuando choque con él, fluctuando el recorrido de la partícula que se intenta calcular. Pero como las partículas cuánticas se mueven tan rápidamente, el electrón no puede estar ya en la misma posición que cuando la partícula de luz rebotó por primera vez en él. Por lo tanto, la dimensión del momento o de la posición será inapropiada, y la acción de la opinión implicará a la partícula observada.

Muchos mecanismos que percibimos pero que no podemos comprender utilizando la física clásica se basan en el principio de incertidumbre. Contemplemos los átomos, que tienen un núcleo con carga positiva y electrones con carga negativa que lo rodean. Supondríamos que las dos cargas inversas se fascinan mutuamente, provocando su descomposición en un conjunto de partículas basado en el juicio clásico. La teoría de la incertidumbre aclara por qué esto no se materializa. Si una partícula se mueve cerca del núcleo, su ubicación en el espacio debería ser conocida, y el error de cálculo no tendría importancia. Esto indica que el cálculo de su momento sería enormemente inexacto debido a que la velocidad cambia constantemente. En esa circunstancia, el electrón puede viajar tan rápido que abandone el átomo por completo.

La teoría de Heisenberg también puede describir un tipo de radiación atómica conocida como desintegración alfa. Algunos núcleos pesados, como el uranio-238, liberan partículas alfa, que están compuestas por un par de protones y un par de neutrones. Éstas suelen estar destinadas al interior del núcleo pesado, y la ruptura de los enlaces que las mantienen unidas en su lugar requerirá mucha energía. La velocidad de una partícula alfa dentro de un núcleo es bien conocida. Pero no se conoce su ubicación. Eso significa que hay una probabilidad menor, pero no nula, de que la partícula se sitúe en el exterior del núcleo en algún momento, aunque no tenga la energía adecuada para hacerlo. La partícula alfa sale al exterior, y vemos el proceso de radiactividad mientras esto ocurre. Se trata de un mecanismo conocido simbólicamente como túnel cuántico, ya que la partícula saliente debe encontrar su camino a través de un bloqueo energético que no puede saltar.

En nuestro sol, los protones se acercan unos a otros y ayudan a liberar la energía que se convierte en la razón por la que brillan las estrellas del universo. Un mecanismo de túnel cuántico comparable surge a la inversa. Los protones en el centro del sol no tienen la energía adecuada para resolver su repugnancia eléctrica compartida porque las temperaturas son demasiado bajas.

La declaración del principio de incertidumbre respecto a

los vacíos es quizás el hallazgo más extraño. Los procedimientos cuánticos tienen una complejidad intrínseca en cuanto a la cantidad de energía enredada y el tiempo que tardan en surgir. El cálculo de Heisenberg también podría articularse en términos de tiempo y energía como alternativa a la posición y el momento. De nuevo, cuanto más se controle una entidad, menos se controlará la otra variable. La energía de una disposición cuántica puede ser tremendamente incierta durante períodos de tiempo muy, muy breves, hasta el punto de que pueden aparecer partículas fuera del vacío. Este tiempo equivale a la duración durante la cual un electrón y su contraparte de antimateria, el positrón, se aniquilan mutuamente. Esto es perfectamente lícito según la mecánica cuántica, dado que las partículas sólo viven durante un breve período y luego se desvanecen cuando se completa su tiempo.

De acuerdo con el principio de incertidumbre de Heisenberg, existe una incertidumbre intrínseca al calcular los componentes de una partícula. La teoría, que normalmente es válida para la localización y el momento de una partícula, define que cuanto más exactamente se conoce la posición, más indefinido es el momento, y viceversa. Esto es opuesto a la física clásica, que establece que si el equipo dado es lo suficientemente bueno y no hay errores humanos, todas las variables de las partículas son observables con una incertidumbre subjetiva. El principio de incertidumbre explica por qué un investigador no puede calcular simultáneamente numerosas variables cuánticas. Antes de que se iniciara la mecánica, se suponía que todas esas variables de un elemento podían identificarse con una precisión exhaustiva de forma simultánea.

La física newtoniana no establecía ninguna restricción en

cuanto a la forma en que los métodos y las prácticas de mejor calidad podían reducir la incertidumbre del cálculo, por lo que era hipotéticamente posible definir todo el conocimiento con el cuidado y la exactitud adecuados. Heisenberg propuso con seguridad que esta exactitud tiene un límite inferior, lo que hace que nuestra información sea hipotéticamente impredecible.

Conocer el momento exacto de una partícula dificulta el cálculo de su ubicación precisa. Esta asociación también es válida para el tiempo y la energía, en el sentido de que la energía exacta de un sistema no puede calcularse en un tiempo total limitado. Heisenberg delimitó la incertidumbre en las partículas de pares conjugados como el momento o ímpetu y la energía o el tiempo como teniendo el menor valor equivalente a la constante de Planck, finalmente dividida por 4π para obtener el resultado deseado.

Aparte de los conceptos científicos, se puede comprender esto visualizando que cuanto más se intenta cuantificar la posición con mayor exactitud, más se interrumpe el mecanismo, lo que conduce a desplazamientos del momento. Contemple la influencia del cálculo de la posición en el impulso en comparación con el de una pelota. Supongamos que la luz en las partículas de fotones debe calcular estos objetos. Estos fotones tienen una velocidad y una masa que se pueden calcular, y chocan con el electrón y con una pelota para regular su posición. Cuando dos objetos chocan con sus momentos individuales, estos momentos se transportan el uno al otro.

Si un fotón choca con un electrón, se transporta un porcentaje de su energía, y el electrón se desplaza en relación con esta entidad en función de su relación de masas. Si se miden los pesos, la pelota de tenis más grande mostrará la transmisión de momento de los fotones, pero la consecuencia será reducida debido a que su masa es muchos órdenes de magnitud mayor que la del fotón. Para decirlo de otra manera, visualice un enorme camión y una bicicleta que chocan, en el que el camión representa la pelota y la bicicleta el fotón. A pesar de su escasa velocidad, el peso absoluto del camión aumentaría el impulso aún más de la bicicleta, empujándola eficazmente en la dirección contraria. Cuando se mide la posición de un objeto, se obtiene un cambio de impulso.

Es problemático visualizar que no se sabe con precisión dónde está la partícula en cada momento. Aunque puede parecer comprensible que si una partícula se encuentra en el espacio, podamos identificar su posición. Al contrario, el Principio de Incertidumbre valida que esto no es así. Esto se debe a la configuración ondulatoria de la partícula. Una partícula se desprende a través del espacio, por lo que no habita en un punto solitario preciso, sino en varios lugares. Asimismo, dado que una partícula está formada por un conjunto de ondas, cada una de las cuales tiene su propio momento, el momento de una partícula sólo puede delimitarse como un espectro de momentos.

De acuerdo con el teorema de De Broglie, una onda con una posición perfectamente observable se distorsiona en un punto solitario con una longitud de onda ilimitada y, por tanto, con un momento no especificado.

La misma supuesta experimentación podría hacerse con el tiempo y la energía. Se necesitará una cantidad inconmensurable de duración para calcular con exactitud la energía de una onda, mientras que la medición de la ocurrencia precisa de una onda en el espacio requerirá un único momento con energía infinita.

La opinión de Heisenberg influye notablemente en la forma en que se predisponen los experimentos y se lleva a cabo la investigación. Considere la posibilidad de determinar la posición o el momento de una partícula. Para hacer un cálculo, hay que interconectar a la partícula que fluctúa las otras variables. Para medir la posición de un electrón se necesita un choque entre éste y una partícula adicional, por ejemplo, un fotón. Esto entregará la energía de la partícula posterior al electrón que se está calculando, haciendo que se modifique.

Se desearía una partícula con una longitud de onda reducida y, por tanto, con más energía, para medir con mayor precisión la posición del electrón, pero esto modificaría el momento en mayor medida a lo largo de la colisión. Los resultados de un experimento sobre el momento tendrían un impacto comparable sobre la posición. Los experimentos sólo pueden acumular datos sobre una variable solitaria en la duración con cierta precisión.

3.5 La mecánica ondulatoria de Schrödinger Schrödinger articuló la hipótesis de de Broglie sobre el comportamiento ondulatorio de la materia en una forma aritmética que puede estudiar una amplia gama de complicaciones físicas sin necesidad de suposiciones suplementarias arbitrarias. Cuando la longitud de onda es insignificante en relación con las dimensiones del aparato utilizado, se inspiró en una fórmula matemática de la óptica en la que la emisión rectilínea de los rayos de luz puede obtenerse a partir del movimiento ondulatorio. En consecuencia, Schrödinger se propuso determinar una ecuación de onda para una materia que permitiera la propagación en forma de partícula a medida que se contraía la longitud de onda.

Se cree que la partícula está ligada a una región específica del espacio por el potencial, ya que su energía E es inadecuada para permitirle escapar. Dado que el potencial varía con el lugar, también lo hacen dos magnitudes suplementarias

el momento y la longitud de onda y, en última instancia, pueden calcularse mediante la relación de De Broglie.

En la mecánica clásica, la ecuación de Schrodinger desempeña el papel de las leyes de Newton y la conservación de la energía, prediciendo el comportamiento potencial de un sistema multifacético. Se trata de un cálculo ondulatorio en términos de la función de onda que predice la probabilidad de eventos o consecuencias de forma sistemática y precisa. La consecuencia precisa no está predeterminada, pero la ecuación de Schrodinger puede pronosticar la circulación de los resultados a condición de que se expongan inicialmente muchos acontecimientos.

Las energías cinética y potencial se unen para formar la constante hamiltoniana, que actúa sobre la función de onda para convertirse en un motivo de evolución en el tiempo y el espacio. La ecuación de Schrodinger proporciona las energías cuantificadas del sistema además de la construcción de la función de onda, lo que permite calcular otras propiedades.

Una función de onda comprende la información de una partícula subatómica. Uno de los axiomas elementales que se enseñan en la física de grado es la ecuación de Schrodinger.

Dado que los electrones son indistintos, la función de onda de un átomo con más de un electrón debe cumplir ciertas necesidades. En la física clásica, el tema de las partículas comparables no se plantea porque los fenómenos siempre pueden desconectarse, al menos en teoría. Sin embargo, no hay forma de diferenciar dos electrones en un átomo similar, y la función de onda debe caracterizarlo. Las coordenadas de todas las partículas regulan la función de onda completa de un sistema de partículas similares.

Para los átomos que tienen más de un electrón, la ecuación de Schrödinger no puede seguirse con precisión. Los principios del cálculo son bien conocidos, pero las complicaciones se hacen más problemáticas por la enorme suma de partículas y la variedad de fuerzas implicadas. Las fuerzas electrostáticas entre el núcleo y los electrones y las fuerzas magnéticas, comparativamente más débiles, resultantes de los movimientos orbitales de los electrones, son algunas de las otras fuerzas que actúan.

A pesar de estos encuentros, los enfoques de aproximación establecidos en la década de 1920 por el físico Douglas Hartery y Vladimir Fock y otros han tenido muchos logros. Estos sistemas comenzaron suponiendo que, debido al núcleo y a otros electrones, cada electrón se transfiere de forma auto-suficiente en un campo eléctrico medio. La teoría de exclusión se conforma con la función de onda total de todos los electrones del átomo. Las energías medidas se modifican entonces en función de la frecuencia de las interacciones electrón-electrón y de las potencias magnéticas.

3.6 Experimento de difracción de electrones En su tesis doctoral del año 1914, Louis de Broglie propuso una propuesta valiente y audaz: si la radiación EM puede tomarse como partículas y como ondas, entonces tal vez el electrón, que antes se había tomado como una partícula, podría tomarse también como una onda. De Broglie anticipó que todas las subdivisiones tienen un comportamiento ondulatorio con una relación colectiva entre la longitud de onda y el momento proporcionada por "$\lambda = h/p$". La longitud de onda se reconoce como la longitud de onda de De Broglie, y la ecuación se reconoce como la relación de De Broglie. En esta asociación, el momento es el momento relativo, que se conserva en las colisiones. Para todas las partículas, la relación de Broglie es verdadera y fácilmente aplicable. Es fundamental señalar que es similar a la de los fotones. Los fenómenos de difracción ejemplifican las propiedades ondulatorias. ¿Cómo es posible que un electrón sea a la vez una onda y una partícula?

En este experimento se inspeccionará la difracción de los electrones que atraviesan una fina capa de grafito que sirve de rejilla de difracción. En 1912, Max Laue anticipó que la tosquedad básica de la materia a nivel atómico podría proporcionar una rejilla adecuada en relación con los estudios de rayos X. Bragg calculó los espaciamientos interatómicos con la disposición cúbica del NaCl y estableció que estaban en el orden adecuado para los rayos X.

El tubo de difracción de electrones consta de un "cañón" que dispara un estrecho haz de electrones que se une a un bulbo de vidrio transparente exiliado con una pantalla brillante colocada en la superficie frontal. Una rejilla de micromalla de níquel distancia la abertura de salida del cañón, sobre la que se ha colocado una capa muy fina de grafito.

El haz de electrones atraviesa este blanco de grafito y se desvía en dos anillos, cada uno con una separación de átomos de carbono en nanómetros. Dado que el grafito es policristalino, el diseño de la desviación da la impresión de ser círculos. Un cátodo revestido de óxido que se calienta incidentalmente ayuda a la fundación del haz de electrones.

El grafito puede ser apuñalado por exceso debido a su extrema delgadez. El objetivo del grafito se enardece y brilla con un rojo apagado debido a la sobrecarga de corriente. Es grave seguir mirando la corriente del ánodo y mantenerla por debajo de 0,25 mA. Utilice un multímetro que pueda sostener en la mano. Puede comprobar que la corriente se mantiene muy por debajo de este valor estimado.

Utilizando una enorme abertura de objetivo y más de dos haces en el plano focal posterior, es probable presentar imágenes de microscopía electrónica. La microscopía electrónica de alta resolución es el nombre utilizado para esta forma de observación (HREM). La imagen de contraste de fase se forma debido a las numerosas interferencias de los haces. El contraste de fase se asocia completamente con el potencial proyectado de un conjunto para un espécimen delgado y un entorno de microscopio con compensación de aberraciones.

Hay que calcular la diferencia de fase para un espécimen más grueso y unas condiciones menos prometedoras. HREM puede hacer un modelo estructural aproximado, que luego se puede pulir utilizando difracción de rayos X o neutrones con resoluciones tan altas. La aplicación más útil de HREM es la de advertir estructuras confusas o defectuosas. Otros métodos son impotentes para percibir o evaluar varias de las estructuras caóticas.

También significa que las no conformidades insignificantes de una estructura media producidas por el orden, las distorsiones organizativas o los defectos tienen una alta sensibilidad.

4

Física cuántica y papel de los átomos

4.1 El hidrógeno: el átomo más simple El átomo de hidrógeno es uno de los átomos más fundamentales del universo. Es el más adecuado para aprender los fundamentos de los átomos y la estructura atómica. Un electrón es una partícula con carga negativa que rodea a un protón con carga positiva dentro de un átomo de hidrógeno. Una fuerza de Coulomb atractiva hace que el electrón gire alrededor del protón en una trayectoria circular sólida, según el modelo de Bohr. Como el protón es aproximadamente 1800 veces más grande que el electrón, sufre pocos cambios bajo la influencia de la energía del electrón. Es un proceso bastante similar al del sistema solar, en el que el Sol permanece constante en respuesta a la atracción gravitatoria planetaria.

Niels Bohr, físico danés, adoptó el modelo planetario del átomo de Rutherford. En 1913 presentó su teoría del átomo básico, el hidrógeno, que se basaba en el modelo del átomo de Rutherford. A lo largo de los años han surgido muchas preguntas sobre las características del átomo. Se comprendía todo lo relacionado con los átomos, desde sus magnitudes hasta sus espectros, pero poco se ha dilucidado en términos de reglas físicas. La teoría de Bohr simplificó el espectro atómico del hidrógeno y actuó como catalizador de las percepciones de la mecánica cuántica de amplia aplicación.

Según la teoría de la cuantización de la energía, las energías de los sistemas más pequeños están cuantizadas. A lo largo de un tiempo de cien años, la liberación y la absorción de los espectros atómicos y moleculares han sido bien concebidas para ser discretas. Al igual que Maxwell, los físicos explicaron que debe haber un ensamblaje entre el espectro de un átomo y su construcción, de forma similar a como los instrumentos musicales tienen frecuencias resonantes. A pesar de los esfuerzos de muchas mentes brillantes durante muchos años, nadie presentó una teoría práctica. (Se convirtió en un chiste que cualquier teoría de los espectros atómicos y moleculares podía ser negada arrojando un libro de datos, ya que los espectros eran complicados). El concepto de que los electrones de los átomos sólo pueden existir en órbitas distintas salió a la luz después de que Einstein propusiera que los fotones con energías cuantificadas son directamente proporcionales a sus longitudes de onda.

Se pudieron formular múltiples fórmulas que podían explicar los espectros de emisión en ocasiones. El átomo más pequeño, el hidrógeno, con su único electrón, tiene un espectro relativamente sencillo, como cabría imaginar. Las líneas espectrales infrarrojas (IR), visibles y ultravioletas (UV) del hidrógeno se han observado como varias series de líneas espectrales. Estas series recibieron el nombre de los primeros investigadores que investigaron a fondo estas líneas espectrales.

Utilizando las bases de la física fundamental, que incluye el modelo planetario del átomo, y algunas propuestas nuevas e interesantes, Bohr dedujo la fórmula del espectro del hidrógeno. Según él, sólo están permitidas las órbitas que se denominan órbitas de los electrones en los átomos como órbitas cuantizadas. Cada órbita tiene un nivel de energía diferente, y los electrones pueden absorber energía para desplazarse a una órbita superior o emitir energía para retroceder a una órbita inferior. La suma de la energía absorbida o emitida se cuantifica al igual que las órbitas, dando lugar a espectros discretos. Los principales métodos de entrada y salida de energía de los átomos son la absorción y la emisión de fotones. Las energías de los fotones están cuantizadas, y su energía se calcula como el cambio de energía del electrón al pasar de una órbita a la siguiente.

La diferencia de energía entre las órbitas inicial y final es E, y la energía del fotón absorbido o emitido es hf. La energía interviene en el desplazamiento de las órbitas, que es coherente. Para subir a una órbita superior, el transbordador espacial, por ejemplo, requiere una explosión de energía. En cambio, la cuantización de las órbitas atómicas no se predice. Los satélites y los planetas pueden tener cualquier órbita si tienen suficientes recursos.

En esta discusión, utilizaremos estos como los niveles de energía permitidos del electrón. El estado más bajo o terreno se representa en la parte inferior del gráfico, y los estados excitados están por encima. Es posible calcular los niveles de energía de un átomo utilizando las energías de las líneas de un espectro atómico. Muchas estructuras, que incluyen moléculas y núcleos, utilizan diagramas de niveles de energía. Basándose en la mecánica del sistema, la teoría de un átomo u otro sistema debe predecir sus energías.

Bohr formuló un método para calcular la energía orbital de un electrón en el hidrógeno. Desde entonces se ha modificado, pero vale la pena repetirlo porque describe con precisión muchos aspectos del hidrógeno. Bohr sugirió que el momento angular L de un electrón en su órbita está cuantizado, que tiene valores discretos, suponiendo órbitas circulares. La fórmula ideada por Bohr determina el valor de L. A continuación deduciremos varias propiedades esenciales del átomo de hidrógeno basándonos en las suposiciones de Bohr. La fuerza de Coulomb es responsable de la fuerza centrípeta que obliga al electrón a seguir una trayectoria circular. Específicamente, debemos señalar que esta revisión se aplica a todos los átomos de un solo electrón. Un átomo de tipo hidrógeno se describe como un núcleo con Z protones (Z = 1 para el hidrógeno, 2 para el helio, etc.) y un solo electrón. Los espectros de los iones de hidrógeno son similares a los del hidrógeno, pero debido a la mayor fuerza de atracción entre el electrón y el núcleo, se mueven a mayor energía.

Las aportaciones de Bohr siguen siendo indiscutibles.

No sólo contribuyó a la explicación del espectro del hidrógeno, sino que también midió con precisión la escala del átomo utilizando la física básica. Cualquiera de sus teorías puede aplicarse a una amplia gama de situaciones. Todos los átomos y moléculas tienen energías orbitales electrónicas cuantizadas. La magnitud del momento angular está cuantizada. Según las predicciones clásicas, los electrones no atraviesan el núcleo en forma de espiral (las cargas aceleradas se irradian, lo que hace que las órbitas de los electrones decaigan rápidamente y que los electrones se apoyen en el núcleo, lo que lleva al colapso de un átomo). Estos son logros significativos.

Sin embargo, la teoría de Bohr tiene ciertas limitaciones. No puede aplicarse a los átomos multielectrónicos, aunque sean tan simples como el helio (átomos con dos electrones). El modelo propuesto por Bohr se clasifica como semiclásico. Las órbitas están cuantizadas (no clásicas), pero se suponen trayectorias circulares simples (clásicas). Cuando la mecánica cuántica evolucionó y dilucidó que no hay órbitas bien definidas, se hizo evidente. Al observar con atención, Bohr descubrió que algunas líneas espectrales son dobletes (se dividen en dos). Más adelante profundizaremos en estos aspectos de la mecánica cuántica, pero recuerde que no se puede afirmar que las aportaciones de Bohr sean nulas. Al contrario, dio pasos importantes hacia la ciencia, sentando las bases de toda la física atómica posterior.

Aunque el modelo del átomo de hidrógeno de Bohr se basaba en el modelo planetario, añadió otra hipótesis sobre los electrones. ¿Y si la estructura electrónica del átomo estuviera cuantizada? Según Bohr, se planteaba la posibilidad de que los electrones sólo orbitaran alrededor del núcleo en órbitas o envolturas únicas con un radio fijo.

En términos de estructura electrónica, Bohr definió con precisión los procesos de absorción y emisión. Según el modelo de Bohr, el electrón puede consumir energía en fotones para excitarse y alcanzar un nivel de energía superior si la energía del fotón era igual a la diferencia de energía entre los niveles de energía inicial y final. El electrón excitado estaría en la posición menos estable después de saltar a un nivel de energía superior (también conocido como estado excitado), por lo que para estabilizarse, emitiría fácilmente un fotón para volver a situarse en uno inferior.

El modelo de Bohr era ideal para describir el átomo de hidrógeno y otras estructuras de un solo electrón. Por desgracia, cuando se aplicaba a los espectros de átomos más complejos, no funcionaba como se esperaba. El modelo de Bohr carecía de una explicación de por qué algunas líneas espectrales están más excitadas que otras o por qué algunas líneas espectrales se rompen en múltiples líneas en presencia de un campo magnético (el efecto Zeeman).

En los años que siguieron a este descubrimiento, científicos como Erwin Schrödinger demostraron que los electrones se comportaban tanto como ondas como como partículas. Según el principio de incertidumbre de Heisenberg, es imposible conocer simultáneamente la ubicación de un electrón en el espacio y su velocidad. El principio de incertidumbre contradice el concepto de Bohr de que los electrones viven en órbitas fijas de velocidad y radio definidos. En cambio, sólo podemos determinar las posibilidades de encontrar electrones en una determinada región del espacio alrededor del núcleo.

Aunque el modelo mecánico cuántico moderno puede parecer un gran salto adelante respecto al modelo de Bohr, el concepto central general sigue siendo el mismo, ya que la física clásica no puede explicar todos los fenómenos a nivel atómico. Al integrar el concepto de cuantización en la estructura electrónica del átomo de hidrógeno, Bohr demostró por primera vez los espectros de emisión del hidrógeno y de otros sistemas de un solo electrón.

4.2 Funciones de onda y transiciones En mecánica cuántica, una función de onda es una representación aritmética del estado de un sistema cuántico inaccesible. Este tipo de función de onda es una amplitud de probabilidad con valores complejos a partir de la cual se pueden calcular las probabilidades de los posibles resultados de las mediciones de los dispositivos. Las letras griegas son los símbolos más famosos de las funciones de onda.

Es una función de grados de libertad que corresponden a un número máximo de observables correspondientes. Dicha función de onda puede deducirse del estado de la cuántica una vez elegida dicha representación.

La opción de conmutar los niveles de autonomía a utilizar para un sistema no es exclusiva, y la esfera de la función de onda tampoco lo es. Podría ser la finalidad de todas las coordenadas de localización de las partículas en el espacio de localización o los momentums de todas las sustancias en el espacio de momentum. Sin embargo, ambos están vinculados a través de una transformación de Fourier. Las partículas de espín no nulo, como los protones y los electrones, tienen una función de onda que incluye el espín como una libertad subyacente y distinta. Sin embargo, también se pueden utilizar otras cantidades variables distintas, como el isospín, en su lugar. Si un proceso tiene grados de autonomía interiores, la función de onda asigna un número multifacético a cada carga potencial de los distintos grados de autonomía en cada punto.

Según la teoría de la superposición de la mecánica cuántica, las funciones de onda pueden sumarse y multiplicarse con números compuestos para obtener funciones de onda innovadoras. El producto interior de un par de funciones de onda calcula la superposición entre los respectivos estados. Se utiliza en la ley de Born, que relaciona las probabilidades de transición con los productos internos en la interpretación probabilística fundamental de la mecánica cuántica. Esto da lugar a la dualidad onda-partícula y explica el término "función de onda". En la mecánica cuántica, la función de onda caracteriza un fenómeno físico radicalmente diferente al de las ondas mecánicas clásicas y sigue siendo objeto de diferentes interpretaciones.

Estas ecuaciones de onda son importantes.

En ciertos casos, la ecuación de Schrödinger y la ecuación de Pauli son excelentes aproximaciones de las versiones relativistas. En problemas prácticos, son mucho más sencillas de resolver que sus equivalentes relativistas. Aunque son relativistas, la ecuación de Dirac y la ecuación de Klein-Gordon no reflejan una comprensión completa de la física cuántica y la relatividad específica. Aunque la mecánica cuántica relativista, una rama de la física cuántica que estudia estas ecuaciones del mismo modo que la ecuación dada por Schrodinger, es muy buena, tiene sus límites y dificultades teóricas.

El total de partículas de un sistema nunca puede ser constante debido a la relatividad. La teoría cuántica es deseable para una comprensión global. Las ecuaciones y funciones de las ondas siguen presentes en esta teoría, aunque de forma diferente. En el espacio de Hilbert de los estados, las principales sustancias de atención son los operadores, también conocidos como operadores de campo. Los operadores de campo libre, cuando se piensa que no hay conexiones, resultan gratificar la ecuación idéntica a la de los campos.

El módulo de dicha función es un número real considerado como la posible densidad de cálculo de una partícula como en un lugar y en un momento determinados. Tal vez tenga ciertos valores para distintos niveles de libertad en los conocimientos aritméticos de Born de la mecánica cuántica no relativista. Según la posible interpretación, la integral de este número global de los grados de autonomía del sistema debe ser 1. La condición de normalización es un requisito universal que debe cumplir una función de onda.

4.3 La estructura de los átomos pesados Si una partícula pesada colisiona con una superficie, cabe esperar que la distribución angular dispersa siga la mecánica clásica. La masa pesada suele garantizar que la longitud de coherencia de la partícula incidente hacia la propagación (la dirección paralela) sea mucho más corta que la longitud de red característica de la superficie, lo que da lugar a una definición clásica. Trabajos recientes sobre interferometría molecular han demostrado que la colimación intensa del haz produce un periodo de coherencia perpendicular lo suficientemente largo como para observar la interferencia de especies muy pesadas que se mueven a través de una rejilla. Demostramos que el mismo efecto conduce a la difracción cuántica de partículas pesadas que colisionan con una superficie utilizando simulaciones de mecánica cuántica. El efecto no se ve afectado por la energía incidente, el ángulo de incidencia o la masa de la partícula.

La dualidad onda-partícula es un elemento básico de la mecánica cuántica. Estermann y Stern demostraron esta dualidad de forma convincente hace 80 años, cuando anunciaron la primera observación de la difracción atómica de átomos de He dispersos en una superficie de LiF. Williams tuvo que esperar 40 años para comprobar la dispersión difractiva del Ne desde el LiF. Rieder y Stocker presentaron pruebas adicionales de la difracción del Ne en experimentos posteriores de dispersión en superficies metálicas de bajo índice.

Cuando Schweizer y Rettner anunciaron la primera observación de la dispersión difractiva del Ar a partir de una superficie de tungsteno cubierta de hidrógeno, hicieron aún más progresos. Pero los picos de difracción sólo se observaron para energías de dispersión bajas y se superpusieron a un gran fondo de átomos de Ar dispersados "clásicamente". Andersson descubrió picos de difracción mucho más nítidos para la dispersión de Ar y Kr desde una superficie de Cu(111) más de una década después, dado que la temperatura de la superficie era baja (10 K) y la energía incidente del haz era baja, y el ángulo de incidencia era alto. También se ha observado difracción en las distribuciones de dispersión elástica de N2, O2 y metano en condiciones experimentales similares y con un haz molecular colimado con una precisión de 0,1.

Según Comsa, el descubrimiento de la difracción atómica se debió a que una sola partícula interactúa consigo misma, y la difracción debe observarse si la longitud de coherencia de la partícula incidente es mayor que la longitud de la red. Sin embargo, estas ideas no se exploraron más, y la distribución angular que suelen tener los experimentos está bien representada como la dispersión mecánica clásica del arco iris.

Del mismo modo, se han realizado avances sustanciales en la observación de la difracción de átomos y moléculas pesados dispersados a través de rejillas a nanoescala, especialmente en los últimos 15 años. La óptica y la interferometría de átomos y moléculas se consideran actualmente un área de investigación muy activa. El patrón de interferencia calculado por Arndt y sus colaboradores para la molécula de fullereno (C60) dispersada a través de una rejilla es un ejemplo sorprendente. Redujeron la incertidumbre de la fuerza perpendicular a la dirección de propagación (la dirección transversal) de un haz molecular de fullerenos de modo que la longitud de coherencia transversal del centro de masa de la molécula fuera mayor que el tamaño de la rejilla utilizando cuidadosamente la selección de la velocidad y las rendijas de colimación. Así pudieron ver el patrón de difracción de la doble rendija característica de las moléculas de fullereno al atravesar la rejilla. Gracias a estos experimentos se ha observado la interacción de otras moléculas orgánicas de gran tamaño.

El tema central de este trabajo es sustituir la rejilla a escala de 100 nm por la "rejilla" natural de las superficies, donde la longitud de red normal de un metal, semiconductor o superficie inorgánica es del orden de 0,5-1 nm. Para detectar la difracción de átomos y moléculas pesados dispersos desde las superficies, habría que poder utilizar los métodos de selección de velocidad y colimación utilizados en experimentos anteriores para crear haces atómicos y moleculares con longitudes de coherencia transversal del orden de 1 nm o más. Los patrones de difracción proporcionan el resultado que se puede obtener en casi cualquier ángulo de dispersión incidente y para una amplia gama de energías incidentes. Dado que la "escala de la rejilla" es de sólo 1 nm, la extrema pérdida de señal causada por la colimación del haz incidente se reduce en cuatro órdenes de magnitud en comparación con una rejilla de 100 nm.

La medición del patrón de difracción también podría revelar conocimientos sobre otra propiedad cuántica fundamental de la materia que son las fluctuaciones de energía de punto cero a baja temperatura de las superficies. La temperatura de la superficie influye en el patrón de difracción de las partículas pesadas. Si la temperatura es demasiado alta, las fluctuaciones de la superficie mancharán el patrón de difracción y aparecerá la clásica estructura de dispersión del arco iris. Los picos de difracción aparecen cuando la temperatura es lo suficientemente baja como para que las fluctuaciones térmicas de los átomos de la superficie no destruyan la coherencia del haz incidente. El patrón de difracción es una sonda sensible de la fuerza de contacto del proyectil pesado (coeficiente de fricción) con los fonones de la superficie.

Por último, el análisis de la distribución bidimensional del momento final del rayo disperso muestra que la corta duración de la coherencia del rayo incidente en la dirección paralela se observa como una mancha en el patrón de difracción en una sola dirección. Con el patrón de difracción bidimensional, cuando la longitud de coherencia del haz incidente excede la longitud de la red en ambas direcciones, sólo se observa un patrón de difracción unidimensional que representa la larga longitud de coherencia en la dirección perpendicular.

Hemos demostrado que la colimación de un haz de átomos en la dirección transversal causará un patrón de difracción distinto utilizando cálculos de modelos. Aunque la masa del átomo es elevada y la longitud de onda normal de Broglie asociada al haz es del orden de los picómetros, se observa difracción independientemente del ángulo y la energía de incidencia. Esto demuestra que en condiciones experimentales mucho menos extremas que las necesarias para la dispersión coherente a través de rejillas de 100 nm, la difracción de partículas pesadas en la dispersión de átomos y moléculas desde superficies debería ser visible. Por otra parte, la decoherencia debida a las colisiones en la superficie sería mayor que al atravesar una rejilla. La decoherencia puede ser inducida por las interacciones con los modos de la superficie y el intercambio de energía entre los grados de libertad internos.

Los datos experimentales disponibles para este caso se centraron en la dispersión de Ar en este trabajo, lo que nos proporciona un modelo razonable y una predicción que otros experimentos pueden confirmar fácilmente. Incluso si la temperatura de la superficie es baja, los efectos inelásticos serán más significativos a medida que aumente la masa de la dispersión. Sin embargo, se ha observado la difracción de Kr, lo que sugiere que la decoherencia inducida por la dispersión inelástica no es un obstáculo insuperable para la difracción de átomos pesados. La observación de dicha decoherencia puede revelar información importante sobre los modos internos de la molécula y las fluctuaciones superficiales que la provocan. Estos temas forman parte de un proyecto de investigación más amplio.

La física cuántica en el mundo moderno

5.1 La importancia de la física cuántica en el mundo moderno

El problema es que la mecánica cuántica se inclina por desafiar ideologías de sentido común como la causalidad, la vecindad y el realismo. Por ejemplo, el realismo nos hace creer que la luna existe aunque no la estemos viendo. La ley de la causalidad explica y quiere que creamos que la lámpara se encenderá si encendemos el interruptor de la luz. En el mundo cuántico, sin embargo, estas nociones fracasan. El ejemplo más conocido es el del entrelazamiento cuántico, que considera que las partículas que se encuentran en lados opuestos del universo pueden estar esencialmente relacionadas, lo que les permite dar y tomar información al instante. Este es un principio que presentó Einstein.

Sin embargo, el físico John Bell demostró en 1964 que la física cuántica era una teoría completa y practicable. Sus observaciones, que ahora se conocen como el Teorema de Bell, demostraron que las propiedades cuánticas, como el entrelazamiento, son tan ciertas como la luna, y hoy en día, los comportamientos extraños de los sistemas cuánticos se están conectando para muchas aplicaciones prácticas.

Relojes con excelente precisión La vida moderna gira en torno a la gestión del tiempo, ya que vivimos en un mundo acelerado. Nuestro mundo técnico está armonizado por los relojes, que mantienen sincronizados elementos como los mercados de valores y los sistemas de posicionamiento global. El "tic-tac" de los relojes anticuados está formado por las frecuentes oscilaciones de sustancias físicas como los péndulos o los cristales de cuarzo. Hoy en día, los relojes más precisos del mundo, los relojes atómicos, calculan el tiempo con percepciones de la teoría cuántica. Guardan un registro de la frecuencia de radiación particular que permite a los electrones moverse entre los niveles de energía. Cada 3.500 millones de años, el reloj de lógica cuántica del Instituto Nacional de Estándares y Tecnología de Estados Unidos, en Colorado, pierde o gana un segundo. El reloj del NIST Sr., que se puso en marcha a principios de este año, tendrá esta precisión durante 5.000 millones de años, es decir, más tiempo que el período actual de la Tierra. Las telecomunicaciones, la navegación por GPS y la elaboración de gráficos se benefician de estos relojes atómicos tan sensibles.

La cantidad total de átomos en los relojes atómicos subvenciona su precisión. Cada átomo, que se almacena en una cámara de vacío, calcula el tiempo de forma autónoma y conserva la pista de las disparidades locales aleatorias entre él y sus vecinos. Los científicos pueden producir un reloj atómico diez veces más preciso incluyendo en él 100 veces más átomos, pero hay un límite en el número de átomos que pueden incluir.

El siguiente objetivo principal de los investigadores es utilizar el entrelazamiento para aumentar la precisión con éxito. Los átomos entrelazados no estarán tan preocupados por las discrepancias locales y, en cambio, se centrarán en calcular el tiempo que pasa, uniéndolos como un péndulo solitario. Esto significa que un reloj entrelazado con 100 átomos adicionales será cien veces más preciso. Muchos más relojes entrelazados podrían asociarse para formar una red mundial que compute el tiempo a pesar del lugar.

Códigos que no se pueden romper La codificación tradicional depende de las claves: el corresponsal cifra los datos con una clave y el receptor los descodifica con otra. Sin embargo, erradicar el riesgo de un espía o de una brecha de seguridad es estimulante, y las claves pueden negociarse. Esto puede solucionarse asignando claves cuánticas potencialmente indestructibles. En la QKD se utilizan partículas de luz arbitrariamente polarizadas para referirse a la información sobre la clave. Esto limita el fotón a un plano solitario de temblor, como de arriba a abajo o de izquierda a derecha. El receptor interpretará la clave con filtros polarizados hasta encriptar efectivamente un mensaje con un procedimiento seleccionado. Los datos ocultos se siguen enviando a través de sistemas de comunicación invariables, pero sólo los que tienen la clave cuántica precisa pueden descodificarlos. Esto es complejo, ya que las reglas cuánticas ordenan que el análisis de los fotones polarizados cambie a menudo sus estados, señalando una brecha de seguridad a los comunicadores.

La QKD es utilizada ahora por empresas, incluso para construir redes ultraseguras. Durante una votación en 2007, Suiza utilizó un producto de reconocimiento de identidad para incluir un sistema de votación a prueba de manipulaciones. En Austria, la primera transferencia bancaria con QKD enredado tuvo lugar en 2004. Como los fotones están enredados, cualquier alteración de sus estados cuánticos realizada por impostores será rápidamente evidente para cualquiera que observe las partículas portadoras de la clave. Este dispositivo promete ser tremendamente seguro. Sin embargo, esta máquina aún no tiene el talento suficiente para cubrir grandes distancias. Se han difundido fotones entrelazados a una distancia máxima de 88 millas.

Ordenadores con una capacidad de procesamiento extremadamente alta La información se almacena en un ordenador como una cadena de dígitos binarios. Como los ordenadores cuánticos utilizan bits cuánticos, también conocidos como qubits, que continúan en una superposición de estados hasta que se calculan, los qubits pueden ser tanto "1" como "0" en el mismo momento hasta que se miden.

Aunque este sector está todavía en sus inicios, ha dado pasos en el buen camino. D-Wave Systems anunció el D-Wave One, un superordenador de 128 qubits en 2011, y el D-Wave Two de 512 qubits un año después. Estos son los primeros ordenadores cuánticos del mundo que se pueden obtener comercialmente, según la empresa. Sin embargo, este desacuerdo ha sido recibido con cinismo porque no se sabe si los D-qubit Waves están enredados. El entrelazamiento fue expuesto en un pequeño subconjunto de los qubits del ordenador, según una investigación publicada en los primeros días.

Microscopio más potente Utilizando un método conocido como microscopía de disimilitud de interferencia diferencial, un equipo de investigadores de la Universidad de Hokkaido, en Japón, creó el primer microscopio del mundo mejorado para el entrelazamiento. Este microscopio dispara dos haces de fotones a un sólido y comprueba el patrón de interferencia de los haces reproducidos, que difiere en función de si atacan una superficie lisa o irregular. Dado que la medición de un fotón entrelazado proporciona conocimientos sobre su compañero, el uso de fotones entrelazados aumenta sugestivamente los datos que puede obtener el microscopio óptico.

Los interferómetros, que superponen ondas de luz distintas para examinar mejor sus propiedades, pueden beneficiarse de técnicas similares para ampliar la resolución. Los interferómetros se utilizan para explorar los planetas solares, revisar las estrellas circundantes y buscar ondas gravitacionales, que son ondas en el espacio-tiempo.

Brújula biológica Los animales, y los humanos, utilizan la mecánica cuántica. Según una propuesta, pájaros como el petirrojo europeo utilizan una actividad espeluznante para conservar la pista de su reubicación. El método utiliza el criptocromo, una proteína sensible a la luz que puede englobar electrones enredados. Cuando los fotones golpean las partículas de criptocromo en el ojo, pueden producir la energía suficiente para dividirlas por separado, creando dos moléculas sensibles con electrones no emparejados pero aún enredados. El periodo total que duran estos radicales de criptocromo está inclinado por el campo magnético adyacente al pájaro. Se supone que los radicales entrelazados hacen que las células de la córnea del ave sean tremendamente sensibles, lo que permite a los animales percibir con eficacia un mapa magnético situado en las moléculas.

Sin embargo, este proceso no se entiende, y una aclaración

adicional es que la compasión magnética de las aves se debe a los diminutos cristales de minerales magnéticos que tienen en el pico. Si el enredo está en funcionamiento, los estudios muestran que el delicado estado en el ojo de un pájaro debe durar mucho más que en los mejores sistemas no naturales. Algunos lagartos, insectos e incluso otros animales pueden utilizar la brújula magnética. Por ejemplo, en el ojo humano se ha revelado un tipo de criptocromo que se utiliza para la navegación magnética en las moscas, aunque no está definido si se utiliza o se utilizó alguna vez para ese fin.

La física cuántica es posiblemente el mayor logro intelectual de la historia de la humanidad, pero a la mayoría de la gente le parece demasiado lejana e intelectual como para que importe. Esta es la torcedura autoinfligida por los físicos y los escritores de ciencia generalizada. Cuando expresamos la física cuántica, solemos destacar los mecanismos extraños y contraintuitivos. Estos fenómenos son motivadores porque son exclusivos, pero su estudio en el laboratorio requiere separar sistemas cuánticos muy simples, y es problemático percibir cualquier vínculo entre ellos y la vida normal.

La ciencia cuántica está omnipresente a nuestro alrededor. El universo, tal y como lo reconocemos, se rige por leyes cuánticas, y aunque la física clásica que asciende cuando se aplica la física cuántica a un gran número de subdivisiones parece ser ligeramente diferente. Los impactos cuánticos son responsables de muchos fenómenos cotidianos. A continuación se presentan algunos casos de fenómenos cuánticos que se espera que experimente en su vida diaria sin darse cuenta.

Tostadoras Las tostadoras son aparatos que se utilizan para tostar el pan. La mayoría de nosotros conocemos el resplandor rojo de un aparato que se calienta al tostar una rebanada de pan. También fue el origen de la mecánica cuántica. La física cuántica avanzó para resolver el problema de saber por qué los objetos calientes tienen un determinado brillo de color rojo.

El color de la luz que desprende un objeto caliente es un ejemplo de la maravilla elemental y universal que les encanta a los físicos teóricos: no importa de qué esté hecho un objeto, si puede soportar ser calentado a una determinada temperatura o no. A finales del siglo XIX, este comportamiento generalizado atrajo a muchos físicos muy optimistas, pero ninguno resolvió el problema.

Como la luz no tenía pretensiones por su composición, se recomendó una solución básica a nivel mundial: Se suman todos los colores de luz que puede producir un objeto y se da a cada uno una parte equivalente de la energía calorífica que comprende. El problema es que hay muchas más formas de producir luz de alta frecuencia que de baja frecuencia, lo que significa que tu tostadora debería estar lanzando rayos X y rayos gamma por toda la cocina en lugar de un agradable y cálido resplandor rojo. En realidad, esto no es lo que ocurre cuando intentamos tostar una rebanada de pan, lo que significa que los científicos se equivocaron en sus sugerencias iniciales.

Max Planck explicó esta cuestión cuando recomendó la "hipótesis cuántica", que sostenía que la luz sólo podía estar desconfinada en trozos discretos de energía. Este quantum de energía es mayor que la energía térmica asignada a esa frecuencia para la radiación de alta frecuencia, ya que no se libera luz en esa frecuencia. De este modo, se detiene la luz de alta frecuencia y se obtiene una fórmula que coincide con el espectro de luz producido por los objetos calientes.

Luces fluorescentes Las bombillas incandescentes producen luz calentando una parte del cable si produce un resplandor blanco brillante, interpretándolas cuánticamente de la misma manera que una tostadora. Si tiene bombillas fluorescentes, está recibiendo luz del proceso cuántico extra revolucionario.

Los físicos revelaron que cada elemento de la tabla periódica tiene su espectro. Cuando los átomos se calientan, producen luz en algunas longitudes de onda distintas, con un patrón diferente para cada elemento. Estas líneas espectrales se utilizaron para regular la configuración de materiales no identificados y determinar la existencia de elementos antes desconocidos: el helio, por ejemplo, se reveló como una línea espectral antes no identificada en la luz solar.

A pesar de su indudable eficacia, nadie pudo dilucidarlo hasta que Niels Bohr anunció el primer modelo cuántico de un átomo en 1913, basado en la idea cuántica de Planck. Bohr anticipó que un electrón orbita afortunadamente el núcleo de un átomo en esos estados superiores y que los átomos fascinan y producen luz sólo cuando pasan en medio de esos estados. De la manera anticipada por Planck, la frecuencia de la luz cautivada o emitida está determinada por la alteración de la energía entre los estados, terminando en un conjunto de frecuencias disímiles para cualquier átomo.

Este concepto fue revolucionario, pero funcionó intensamente para designar el espectro de luz formado por el hidrógeno, y los rayos X descargados por una extensa diversidad de componentes, y la mecánica cuántica ya estaba en marcha.

Aunque el conocimiento actual de lo que ocurre dentro de un átomo fluctúa mucho respecto al modelo original de Bohr, el principio elemental sigue siendo el mismo:

los electrones se desplazan en medio de estados inusuales dentro de los átomos cautivando y liberando la luz de frecuencias exclusivas.

La iluminación fluorescente se basa en el siguiente principio: un poco de vapor de mercurio se convierte en plasma dentro de una bombilla fluorescente. El mercurio produce luz en longitudes de onda medibles principalmente en el espectro visible, lo que induce a nuestra mente a creer que la luz es blanca. Cuando se ve una bombilla fluorescente a través de una rejilla de difracción, se pueden reconocer algunas imágenes discretas de color de la bombilla, mientras que una bombilla incandescente genera una mancha continua de arco iris.

Es decir, cada vez que vean una bombilla fluorescente dándoles luz en sus casas u oficinas, deben estar agradecidos a la física cuántica por haber traído una revolución a nuestras vidas.

Los ordenadores están acostumbrados: Aunque el modelo cuántico de Bohr era incuestionablemente útil, no venía con una aclaración física de por qué los electrones de los átomos debían tener estados inusuales. Eso no ocurrió hasta casi una década, pero una vez que lo hizo, desarrolló la base de la revolución técnica más revolucionaria del siglo pasado.

Louis de Broglie, un estudiante francés de educación noble, dio con la impresión fundamental que presentaba una base física para los estados de energía especiales de Bohr. Anticipó que, al igual que Planck y Einstein habían introducido una existencia similar a la de las partículas para las ondas de luz, las partículas como los electrones podrían tener un comportamiento ondulatorio conforme. Cuando se asigna a los electrones una longitud de onda que se apoya en su momento, se encuentran órbitas de ondas estacionarias en las que la onda del electrón termina un número entero de vacilaciones a medida que permite alrededor del núcleo, y éstas tienen las energías exactas como los estados especiales de Bohr en el hidrógeno.

Esta acción ondulatoria puede calcularse explícitamente, y se completó rápidamente tanto en EE.UU. como en el Reino Unido. Erwin Schrödinger estableció su ecuación de onda para ponderar esas ondas y a partir de ahí una de las adiciones clave a toda la teoría moderna de la mecánica cuántica.

Nuestros conocimientos sobre el éxito de los electrones al atravesar los materiales se han transformado significativamente gracias a su naturaleza ondulatoria, lo que ha contribuido a nuestra comprensión actual de las bandas de energía y los huecos de banda dentro de estos materiales. Podemos utilizar esta física para controlar las propiedades eléctricas de los dispositivos semiconductores. Podemos generar diminutos transistores que procesan los bits elementales utilizados para procesar la información digital proyectando juntos bits de silicio con la mezcla precisa de otros componentes.

Así, cada vez que se enciende el ordenador, se aprovecha la existencia ondulatoria de los electrones y el poder sin parangón sobre los materiales. Puede que no sea el ordenador cuántico más moderno, pero la física cuántica es obligatoria para que cualquier ordenador moderno funcione adecuadamente.

5.2 La física cuántica y la ciencia de los materiales La mecánica cuántica no será deseada en muchas situaciones cotidianas por los ingenieros. Pueden estar dibujando una ilustración de un circuito o un dibujo de un módulo mecánico, en cuyo caso no es deseable ninguna información de la teoría cuántica.

Por ejemplo, tomemos un ejemplo de un diagrama de circuito. Sí, hacerlo no exigiría el uso de la mecánica cuántica. La mecánica cuántica es deseable para comprender por qué se utiliza el silicio en los transistores. Si alguna vez se ha preguntado por qué la ley de Ohm, $V=IR$, es como es, la respuesta puede encontrarse en la mecánica cuántica.

Ciertamente, si se pregunta cómo funciona un transistor, la respuesta se basará en la mecánica cuántica. Por ejemplo, ¿por qué la corriente fluye de la fuente al drenaje en un FET? Probablemente piense que es por el campo en la puerta. Hay permanentemente campos atómicos microscópicos por todas partes hasta que se aplica una tensión en la puerta, pero no hay flujo de corriente. Entonces, se puede decir que es porque el flujo de corriente sólo se produce por campos macroscópicos. La respuesta es No porque mientras una unión p-n tiene una sección macroscópica, no hay flujo de corriente disponible. La difusión de portadores acaba formando un potencial incorporado que detiene la difusión de portadores adicionales.

Debido a las fuerzas contradictorias de los potenciales químicos a cada lado del tubo, un voltaje afecta al potencial químico a cada lado de la red, permitiendo que se llenen y agoten continuamente estados de electrones con energías entre los dos potenciales. La densidad de estados, que define la estadística Fermi-Dirac que sigue un gas de electrones, rige esta interacción. Ambas teorías se basan en la mecánica cuántica.

Así que ahora se podría objetar que está bien que alguien haya calculado estas aclaraciones de la mecánica cuántica para el funcionamiento de los transistores, pero que se puede confiar en ello y seguir con su actividad habitual sin pensar en los impactos cuánticos desde que se han averiguado. Una de las razones por las que los circuitos han madurado más rápido con el tiempo es que los transistores se han desarrollado para ser más pequeños. A medida que se reducen, hay que tener en cuenta más impactos mecánicos cuánticos en su diseño. Por eso, comprender los efectos cuánticos es tan importante en este campo.

Los científicos de materiales se esfuerzan en una diversidad de áreas y dispositivos semiconductores, por lo que lo anterior debería dilucidar por qué un científico de materiales tendría que contemplar la mecánica cuántica.

Asimismo, la versión más antigua de la ciencia de los materiales tampoco es inmune a la teoría cuántica. Muchas cualidades de los metales, como la conducción térmica y eléctrica, las propiedades visuales y el comportamiento magnético, son mecánicas cuánticas por clasificación. Con un ligero apoyo de la mecánica cuántica, la termodinámica aritmética se utiliza para calcular las diseminaciones de equilibrio de los defectos puntuales en los metales.

La mecánica cuántica permite una comprensión vital del mecanismo de los materiales a nivel esencial. Por eso es imprescindible. En los estudios actuales de la ciencia de los materiales, los temas giran en torno a la búsqueda de los daños causados por el bombardeo de partículas cargadas de alta energía sobre aleaciones bien ordenadas, aproximando primero sus profundidades de dispersión mediante una imitación de la dinámica molecular, que se apoya en gran medida en la mecánica cuántica. No se trata de otro proyecto científico hipotético. Ha producido datos que podrían establecer materiales para reactores nucleares.

Sin el principio mecánico cuántico característico de los modelos de dinámica molecular, no se habría sabido dónde buscar los daños microestructurales en las muestras expuestas. Sin embargo, con ese conocimiento, fue modesto autorizar que las réplicas de dinámica molecular coincidieran estrechamente con los descubrimientos experimentales, lo que representa la fuerza de la teoría cuántica una vez más.

Las propiedades de las estructuras con muchos constituyentes no siempre se relacionan con las propiedades de los distintos componentes. Durante décadas, la gente ha reconocido que el bronce es mucho más duro que sus constituyentes, y su crecimiento acompañó en los albores de la sociedad urbana. Las estructuras más multifacéticas, conocidas como materiales cuánticos, son aún más fascinantes, ya que ofrecen un terreno fértil para la física cuántica innovadora, que está en la idea fundamental de gran parte de la ciencia de los materiales contemporánea.

Las nuevas etapas se dan en los cristales que integran muchos componentes y cualidades electrónicas y magnéticas radicales. La superconductividad de alta temperatura es un ejemplo frecuente, donde las demostraciones de principio sorprendieron a la comunidad física hace treinta años, pero las implementaciones comercializables sólo han aparecido recientemente. Los materiales cuánticos de ingeniería, como los formados por nanoestructuras metálicas o elementos super-conductores, pueden tener cualidades inexistentes en la naturaleza, como conexiones tremendamente fuertes entre la luz y la materia. Los fotones, que normalmente no interactúan, se relacionan entre sí cuando la materia está presente. Pero al utilizar la materia nanoestructurada, la descarga de la materia puede aumentar.

La comprensión esencial de muchos procesos biológicos y químicos la proporciona la teoría cuántica, que guía los nuevos materiales. Cuando el gálibo del sistema está en el medio entre lo microscópico y lo macroscópico, surgen nuevos mecanismos. Por ejemplo, mover un electrón exige el suministro de energía de carga. Como consecuencia, cambian las propiedades fotónicas y electrónicas. Los nanosistemas tienen ahora un control tan fuerte que pueden ser utilizados como investigaciones críticas para la nueva física. Los nuevos comandos seguirán ganando reputación, al igual que pronto se anticiparán los ordenadores para contar electrones.

Los métodos de fabricación contemporáneos, impulsados principalmente por la física del estado sólido, nos permiten generar nuevos procedimientos de materiales cuánticos con propiedades sorprendentes, como los metamateriales. Estos son bien conocidos por el público en general por su aptitud para competir con las capas de invisibilidad en teoría, pero hay muchos más usos instantáneos, como la capacidad de construir lentes que eviten el límite de difracción convencional de la luz. Si se completa con éxito, esto podría ser significativo para el futuro de la litografía.

El trabajo de investigación a pequeña escala y la teoría cuidadosamente acoplada a la experimentación son distintivos en este campo. El profesorado primario y secundario de diferentes universidades e instituciones de investigación ha contribuido a ampliar las fuentes ópticas monofotónicas de nueva generación, los metamateriales, muchos dispositivos progresivos y las tecnologías de control de la luz. Fabrican nanohilos superconductores, termoeléctricos, materiales de espín calórico y fotovoltaicos, y nuevos materiales con cautivadoras propiedades cuánticas de espín como la superconductividad. También se examinan las propiedades teóricas de los ensamblajes dinámicos basados en el ruido, los hilos cuánticos y los puntos. Este trabajo está estrechamente relacionado con los departamentos de Ciencia de los Materiales e Ingeniería Eléctrica e Informática de la Escuela de Ingeniería Pratt.

La mecánica cuántica supone una revolución en nuestras rutinas diarias de forma efectiva. A pesar de ello, los físicos perciben la mecánica cuántica en todo, desde la dureza del diamante hasta los colores del arco iris. Suelen ignorar el papel fundamental que desempeña la mecánica cuántica en la tecnología moderna, desde los láseres que comprenden y analizan la música de los discos compactos hasta los Sistemas de Posicionamiento Global que guían a los aviones por nuestros abarrotados cielos.

Ahora estamos en las fases iniciales de una segunda revolución cuántica, en la que podemos entender y manipular pequeñas bandas de átomos, si no átomos discretos. La física atómica y la de la materia condensada se están llevando juntas en esta segunda revolución. Una tendencia tradicional de la física de la materia condensada ha animado a los físicos atómicos a buscar y controlar las nuevas pertenencias cuánticas en grandes grupos de átomos. Al mismo tiempo, los físicos de la materia condensada revisan cómo reducir los materiales que investigan a tamaños en los que las excitaciones cuánticas separadas desempeñan un papel dominante.

Su terreno de encuentro común, que se encuentra en los mundos cuántico microscópico y clásico macroscópico, rebosa de nueva física y tecnologías modernas.

La formación de muchos métodos experimentales nuevos ha permitido a los investigadores percibir átomos discretos y comprender cómo se acumulan para perfilar estructuras mayores. Los átomos individuales pueden estar en superficies y sus cualidades físicas pueden calcularse mediante microscopios atómicos de barrido. La tenacidad de los átomos individuales en los materiales a granel se ha logrado gracias a los avances en la microscopía electrónica, y la sabiduría y la coherencia de las fuentes de rayos X y neutrones utilizadas para examinar las estructuras de los sólidos y las enormes biomoléculas han mejorado significativamente.

El descubrimiento de herramientas que manipulan las localizaciones y velocidades de los átomos de formas imposibles con los recipientes de material ha permitido una nueva aptitud para controlar los átomos cargados y neutros. Han acompañado a una nueva era de poder de estado cuántico espacialmente prolongado, que agarra el potencial de los relojes ultraprecisos y aumenta la probabilidad de nuevos tipos de codificación y computación basados en las propiedades excéntricas de la información cuántica. Estas herramientas, junto con los datos que proporcionan, nos han ayudado a acercarnos mucho más al objetivo final de las estructuras de diseño, que son sustancias con propiedades mecánicas, magnéticas, ópticas, eléctricas, térmicas y químicas multifacéticas.

Es sorprendente lo mucho que ha avanzado la ciencia en estos años desde la detección del electrón. Los electrones que se encuentran dentro de diminutos transistores indican ahora a los bancos qué cantidad de nuestro salario debe ingresarse en nuestras cuentas cada mes, y los que llegan a través de los cables a nuestros hogares nos transmiten imágenes e información de todo el mundo casi con prontitud. La capacidad de controlar átomos separados subvencionaría una nueva generación de dispositivos electrónicos que podrían ser correspondientemente revolucionarios en los próximos años.

5.3 Ordenadores cuánticos Los ordenadores cuánticos son aparatos de cálculo y almacenamiento de datos que aprovechan las propiedades de la física cuántica. Esto puede ser enormemente útil para algunas tareas, en las que pueden superar incluso a nuestros superordenadores más potentes.

Los dispositivos tradicionales, como los teléfonos inteligentes y los ordenadores portátiles, almacenan los datos en bits binarios que pueden ser 0s o 1s. En cambio, un bit cuántico, o qubit, es el dispositivo de memoria central de un ordenador cuántico.

Los sistemas físicos, como el espín de un electrón o el curso de un fotón, se utilizan para construir qubits. La superposición cuántica permite que estas sustancias estén en numerosas configuraciones al mismo tiempo. El entrelazamiento cuántico permite que los qubits estén indisolublemente conectados. Un grupo de qubits puede caracterizar numerosos elementos simultáneamente.

Una máquina tradicional, por ejemplo, puede caracterizar cualquier número entre 0 y 255 con sólo ocho bits. Sin embargo, un ordenador cuántico de ocho qubits significará instantáneamente todos los números entre 0 y 255. Pueden articularse más números con unos cientos de qubits enredados que átomos hay en el universo.

Aquí es donde los ordenadores cuánticos superan a los clásicos. Los ordenadores cuánticos pueden contemplar un enorme número de agrupaciones concebibles simultáneamente. Buscar los factores primos de un número enorme o la ruta más fina entre dos puntos son algunos ejemplos.

Puede haber una diversidad de condiciones en las que los ordenadores clásicos superen a los cuánticos. En consecuencia, los futuros ordenadores podrían ser una mezcla de los dos estilos.

El calor, las colisiones y los campos electromagnéticos, dentro de las moléculas de aire se convertirán en una razón para que un qubit pierda sus propiedades cuánticas, por lo que los ordenadores cuánticos son muy delicados. El dispositivo se bloquea debido a este proceso, conocido como decoherencia cuántica, que ocurre más rápidamente a medida que aumenta el número de partículas implicadas.

Los quubits de los ordenadores cuánticos deben protegerse de las interferencias externas desconectándolos físicamente o aniquilándolos con ráfagas de energía cuidadosamente controladas. Para corregir los errores que se cuelan en el sistema, se necesitan más qubits.

Un ordenador de este tipo utiliza algunos de los espectáculos casi místicos de la mecánica cuántica para producir enormes aumentos de la velocidad de cálculo. Los ordenadores cuánticos pueden superar incluso a los superordenadores más potentes de hoy y del futuro.

Las máquinas convencionales no quedarían totalmente

aniquiladas. Para la mayoría de las dificultades, el uso de un ordenador convencional sería permanentemente el mejor y más rentable enfoque. Por otra parte, los ordenadores cuánticos tienen el potencial de acelerar el desarrollo en diversos ámbitos, desde la ciencia de los materiales hasta la investigación médica. Las empresas los están implicando ahora para generar baterías más ligeras y con mayor capacidad de carga para los vehículos eléctricos y apoyar el desarrollo de fármacos innovadores.

Los bits son un flujo de impulsos eléctricos u ópticos que reflejan 1s o 0s en los ordenadores actuales. Todo, desde el correo electrónico, los tweets, los archivos de música y los vídeos, está compuesto por largos hilos de estos dígitos binarios.

Los qubits son partículas subatómicas como los electrones o los fotones que se utilizan en los ordenadores cuánticos. La generación y administración de qubits es un trabajo científico y de ingeniería polifacético. Numerosas empresas, como Google e IBM, utilizan circuitos superconductores enfriados a temperaturas inferiores a las del espacio profundo. Otras, como IonQ, utilizan cámaras de altísimo vacío para separar los átomos de los campos EM en un chip de silicio. El objetivo es aislar los qubits en un estado cuántico medido en ambos casos.

Debido a las inusuales propiedades cuánticas de los qubits, un grupo conectado de ellos puede ofrecer mucho más poder de dispensación que un número similar de bits binarios. Una cualidad es la Superposición, y la otra el entrelazamiento.

El entrelazamiento y la superposición son mecanismos físicos cautivadores, pero ponerlos a trabajar en la producción, la computación y el manejo de qubits es un trabajo de ciencia e ingeniería problemático.

Otro problema es que deben ejecutarse numerosas veces debido a la mayor tasa de error de las aplicaciones actuales de los qubits. El entrelazamiento es difícil de lograr en términos de aplicaciones de hardware. Dado que sólo algunos de los qubits están entrelazados en varios diseños, el operador del ordenador debe ser lo suficientemente astuto como para intercambiar los bits de forma esencial para simular un dispositivo en el que los bits están enredados entre sí.

Una vez resueltos los problemas de generación y construcción de un ordenador cuántico, nos quedará un mundo de oportunidades. Daimler y Volkswagen, dos de los principales fabricantes de automóviles del mundo, explotan los ordenadores cuánticos para analizar la composición química de las baterías de los vehículos y descubrir nuevas ideas para mejorar su rendimiento.

JP Morgan está examinando el uso de la computación cuántica en la fijación de precios de selección en el sector de la inversión. La computación cuántica, según el banco, puede disminuir los costes y acelerar el número de imitaciones deseables para calcular el precio exacto de la opción. Las empresas de la industria farmacéutica las están utilizando para probar y comparar materiales que podrían subvencionar la expansión de nuevos fármacos. La pandemia de COVID-19 ha activado un gran repunte en este sentido.

El negocio de la logística se beneficiará del recocido cuántico, un tipo de computación cuántica que permite trazar rutas óptimas para la administración del tráfico, las operaciones rápidas, el control del tráfico aéreo y la distribución de la carga. La computación cuántica también puede aumentar la precisión de las predicciones meteorológicas. Los ordenadores cuánticos podrían ayudar a generar modelos climáticos mejorados, lo que nos daría una mejor visión de cómo los humanos están alterando el medio ambiente. Estos procesos también pueden gobernar qué tipo de medidas de precaución deben tomarse para evitar tragedias.

Tanto los ordenadores cuánticos como los clásicos buscan resolver problemas, pero sus métodos de procesamiento de datos son diferentes. Este segmento explica lo que hace especiales a los ordenadores cuánticos presentando dos percepciones de la mecánica cuántica significativas para su funcionamiento. Se trata de la superposición y el entrelazamiento.

La superposición es la propensión inconsistente de un mecanismo cuántico, como un electrón, a estar en numerosos estados en un momento similar. Un estado para un electrón podría ser el nivel de energía más bajo de un átomo, mientras que otro adicional podría ser el nivel más excitante. Si un electrón está equipado en una superposición de estos dos estados, tiene la oportunidad de estar tanto en el estado inferior como en el superior.

Entender el principio de superposición permite comprender el qubit, que es la unidad esencial de comprensión en la computación cuántica. Los bits son los transistores de la informática tradicional que pueden encenderse o apagarse llamando a los estados 0 y 1. En los qubits, como los electrones, 0 y 1 son sólo estados que se refieren a los niveles de energía inferior y superior designados en los segmentos anteriores. Los qubits se diferencian de los bits tradicionales en que pueden superponerse con probabilidades fluctuantes que las operaciones cuánticas pueden operar durante los cálculos.

El entrelazamiento se produce cuando los objetos cuánticos se moldean o se operan de manera que ninguno puede ser caracterizado sin revelar a los demás. Se borran las individualidades de las personas. Cuando se contempla cómo el entrelazamiento puede perseverar a lo largo de grandes distancias, esta idea es tremendamente difícil de comprender. Un cálculo en uno de los asociados de un par entrelazado decide rápidamente los cálculos en el otro, dando la impresión de que los datos pueden volar más rápido que la luz.

La perspectiva de hacer un ordenador cuántico capaz de ejecutar el algoritmo de Shor para múltiples números ha sido uno de los principales motores del desarrollo de la computación cuántica. Sin embargo, para lograr una comprensión más sistemática de los ordenadores cuánticos, es importante recordar que lo más probable es que ofrezcan enormes aceleraciones para sólo un tipo raro de complicación. Los investigadores se esfuerzan por regular qué problemas son aptos para las aceleraciones cuánticas y por diseñar algoritmos para validarlos. Es previsible que los ordenadores cuánticos ayuden a los problemas de optimización, que son peligrosos en casi todo, desde el comercio financiero hasta la seguridad.

Hay una diversidad de otras aplicaciones para los sistemas de qubits no asociadas a la computación o la simulación, y se siguen investigando, pero están fuera del alcance de esta impresión. Dos de los campos más sobresalientes son la meteorología y la detección cuántica, que aprovechan la estremecedora sensibilidad de los qubits a la atmósfera para lograr una detección más allá del límite de ruido clásico, y las redes e infraestructuras cuánticas, que pueden dar lugar a nuevas e innovadoras formas de dar y recibir conocimientos.

Un ordenador cuántico se ha lanzado en principio a ejecutar cualquier tarea que un ordenador clásico encontraría difícil de completar. Esto no significa que un ordenador cuántico pueda superar continuamente a un ordenador clásico en todas las tareas.

Cuando utilizamos algoritmos clásicos en un ordenador cuántico, éste completa esencialmente el esquema como lo hace un ordenador clásico. Para que un ordenador cuántico valide su supremacía, debe adquirir procedimientos cuánticos modernos que aprovechen la correspondencia cuántica. Estos algoritmos son difíciles de desarrollar, ya que requieren esfuerzo, tiempo y dinero en investigación y desarrollo para descubrir qué logaritmos funcionan.

- Cálculos rápidos Estas máquinas son capaces de realizar cálculos a un ritmo mucho más rápido que los ordenadores antiguos. Los ordenadores cuánticos también son más competentes que los superordenadores en términos de cálculos a ritmo. Son 1000 veces más rápidos que los ordenadores normales en el procesamiento de datos.

- Mejores opciones de simulación Estos ordenadores modernos son perfectos para tratar con simulaciones de datos. Muchos procedimientos simulan diversos elementos, como simulaciones químicas, predicciones meteorológicas, etc.

- Aplicaciones en la industria médica En el sector de la medicina, estos ordenadores son más influyentes. Tienen la aptitud de analizar enfermedades y verbalizar fórmulas de medicamentos. Estas máquinas pueden identificar y analizar varias dolencias en los laboratorios científicos. El problema más difícil de la computación cuántica es el diseño y desarrollo de medicamentos. Por lo general, los medicamentos se formulan mediante el proceso de prueba y error, que es caro y poco seguro y problemático de completar. Los investigadores aprueban que la computación cuántica puede ser un método apreciado para entender los medicamentos y sus implicaciones en el ser humano, ahorrando a los fabricantes de fármacos mucho dinero y tiempo. Estos avances progresivos en la computación aumentarán la eficiencia al inspirar a las empresas a realizar más descubrimientos sobre medicamentos y determinar nuevos tratamientos médicos, lo que dará lugar a una industria farmacéutica mejor organizada.

- Aplicaciones de búsqueda de Google refinadas Google utiliza ordenadores cuánticos para optimizar sus resultados de exploración. Gracias a estas máquinas, ahora se puede acelerar cada búsqueda en Google. Este tipo de computación puede habitar los datos más significativos.

- Altos niveles de privacidad Estas máquinas tienen sólidas competencias de encriptación y son hábiles en el criptoanálisis. Los códigos de seguridad de los ordenadores cuánticos no pueden ser descifrados. China ha revelado recientemente un satélite que emplea la computación cuántica y ha afirmado que el satélite no puede ser descifrado.

- Industria del radar Las armas de radar también se establecen utilizando la computación cuántica. Esta experiencia ayudará a aumentar la exactitud de las armas de radar. Esta aplicación es beneficiosa para la seguridad de un país. Cualquier avión o barco que entre en el territorio ilegal puede ser detectado de inmediato, y se pueden tomar medidas rápidas para proteger la soberanía y la integridad de un país.

- Aprendizaje automático e inteligencia artificial Dado que las nuevas tecnologías han impregnado casi todos los ámbitos de la vida humana, la inteligencia artificial y el aprendizaje automático son dos de los campos más persuasivos en estos momentos. La imagen, el habla y el reconocimiento de la escritura son sólo algunas de las aplicaciones generalizadas que vemos a diario. A medida que aumenta el número de aplicaciones, los ordenadores convencionales son propensos a tener un difícil encuentro entre la precisión y la rapidez.

Aquí es donde la computación cuántica puede ayudar a resolver problemas multifacéticos en una fracción de la duración mientras que a los ordenadores convencionales les llevaría miles de años. La inteligencia artificial encaja bien con estos ordenadores modernos. Pueden presentar veredictos más precisos que los ordenadores normales. Estos ordenadores permitirían a los investigadores realizar investigaciones más operativas.

Con el mundo avanzando hacia la mejora de las ediciones de todos los dispositivos en casi todas las industrias, la Física Cuántica ha estado en la punta de lanza en la mayoría de estas ocasiones. El futuro está en la computación cuántica, y sus implicaciones ya pueden verse en varios mecanismos a nuestro alrededor.

Postfacio

El libro comienza con el origen de la Física Cuántica, arrojando luz sobre todos los detalles menores y mayores de la historia y los antecedentes. Era importante empezar con la parte de la historia para que los estudiantes conocieran los fundamentos del tema. Las siguientes secciones del libro giran en torno a los conceptos, teorías y principios fundamentales de la Física Cuántica y los esfuerzos de algunos de los más grandes físicos como Heisenberg, Neil Bohr y Schrodinger. El libro termina con una amplia gama de aplicaciones y logros significativos de la Física Cuántica en nuestra vida cotidiana y cuenta a los estudiantes cómo el tema respondió a los desafíos dejados por la física clásica y, en última instancia, terminó por revolucionar nuestras vidas. En el transcurso del libro se ha considerado que está destinado a alumnos jóvenes cuya comprensión está en el nivel de principiante. Por ello, el lenguaje y la explicación de los conceptos se han mantenido en un nivel más fácil. Todas las ideas y principios clave se explican mediante ejemplos de la vida cotidiana, de modo que a los jóvenes estudiantes no les resulte difícil tener un conocimiento y una comprensión completos de la mecánica cuántica.